外来入侵杂草
调查技术指南

◎ 张国良 付卫东 宋 振 等 编著

中国农业科学技术出版社

图书在版编目（CIP）数据

外来入侵杂草调查技术指南／张国良等编著.--北
京：中国农业科学技术出版社，2021.10 (2021.12重印)
ISBN 978-7-5116-5227-0

Ⅰ.①外…　Ⅱ.①张…　Ⅲ.①外来入侵植物-杂草-
调查方法-中国-指南　Ⅳ.①S451-62

中国版本图书馆 CIP 数据核字（2021）第 043574 号

责任编辑	崔改泵　马维玲	
责任校对	马广洋	
责任印制	姜义伟　王思文	
出 版 者	中国农业科学技术出版社	
	北京市中关村南大街 12 号　邮编：100081	
电　　话	（010）82109194（编辑室）　（010）82109702（发行部）	
	（010）82109702（读者服务部）	
传　　真	（010）82109194	
网　　址	http://www.castp.cn	
经 销 者	各地新华书店	
印 刷 者	北京建宏印刷有限公司	
开　　本	170 mm×240 mm　1/16	
印　　张	15.75	
字　　数	283 千字	
版　　次	2021 年 10 月第 1 版　2021 年 12 月第 2 次印刷	
定　　价	68.00 元	

《外来入侵杂草调查技术指南》
编著者名单

张国良　付卫东　宋　振　王忠辉　张　岳

张瑞海　郓玲玲　高金会　马　涛　王　伊

前　言

外来入侵物种防控是维护国家生物安全、生态安全的重要内容，《中华人民共和国生物安全法》第六十条明确规定"国务院农业农村主管部门会同国务院其他有关部门制定外来入侵物种名录和管理办法。国务院有关部门根据职责分工，加强对外来入侵物种的调查、监测、预警、控制、评估、清除以及生态修复等工作"。目前，我国已初步确认外来入侵杂草有400余种，尚有470多种外来杂草入侵风险需进一步评估确认，一些恶性外来入侵杂草，如豚草、薇甘菊、水葫芦等对农林牧渔业生产、区域生态环境、生物多样性、交通运输甚至人类健康和生命安全造成了严重的影响。由于我国外来入侵物种防控工作起步晚，外来入侵杂草的传播扩散途径、空间动态分布趋势及危害、威胁程度等基础信息严重匮乏，监测防控技术落后，外来杂草入侵形势严峻。开展对全国不同生态系统的外来入侵杂草普查工作，全面摸清我国外来入侵杂草发生现状，可为外来入侵物种预防预警和综合治理提供科学依据，对全面提升国家外来物种入侵防控能力，保障国家生态安全具有重要意义。

外来入侵杂草普查工作具有行政性和专业性特征，属于官方行为。在全国范围内或某一区域范围内开展外来入侵杂草普查，采取统一的方法，能够全面掌握外来入侵杂草的发生状况和发生动态，构建入侵杂草扩散分布趋势图，为开展植物检疫、早期监测、应急灭除和持续防控等提供依据。外来入侵杂草普查是入侵物种防控的基础工作，根据主管部门工作计划，普查区域可以是某一个行政区域或地理区域，也可以是几个行政区域或几个地理区域的组合，或者是全国统一开展。普查对象可以是在调查区域内的一种（类），也可以对几种（类）外来入侵杂草开展调查，或者在普查区域内对所有外来入侵杂草开展调查。外来杂草入侵生境类型多且区域广，针对外来入侵杂草在农田、森林、草原及湿地等生态系统发生特点，制定一系列外来入侵杂草调查技术规范和技术标准，包括外来入侵杂草物种清查、问卷调查、实地踏查和样地调查等技术规程，同时，在外来入侵杂草调查中融入现代计算机信息技术、视觉光谱杂草识别及人工智能与遥感技术等，提升外来入侵杂草调查精确性和便捷性。

外来入侵杂草普查工作涉及地域广、人员多并且工作量大，一个地区甚至一个普查人员的不规范操作可能对整个普查工作的进度和真实性造成很大的影响。同时，外来入侵杂草的普查工作对普查人员的专业能力具有较高的要求，普查人员能通过查询文献资料或接受培训，识别常见或者大部分本地植物，可显著提升普查工作效率和普查结果的可靠性。

《外来入侵杂草调查技术指南》（以下简称"指南"）编制组专家长期从事外来入侵植物监测预警、风险评估和综合防控工作，近年来制定外来入侵物种防控农业行业标准32项，出版《农业入侵物种应急防控指南》《外来入侵植物监测防控》《外来入侵植物风险评估》等著作17部；获授权发明18项；发表论文160余篇；获省部级科技奖励7项；牵头推广农业农村部主推技术1项。自2008年以来，牵头在河北省、山东省、天津市、北京市开展入侵植物黄顶菊危害普查，在云南省开展薇甘菊发生状况调查，在内蒙古自治区、吉林省、河北省等开展的刺萼龙葵监测调查，在新疆维吾尔自治区开展豚草和三裂叶豚草普查等，均取得了准确度高、科学性强的普查数据，积累了大量的普查工作经验和普查实用技术。编撰本指南，旨在为各地科学制定外来入侵物种普查工作方案提供技术参考。

本指南系统介绍了普查中常用文献查阅、信息咨询、问卷调查、实地踏查及样地调查等各种技术方法，获取准确的外来入侵杂草发生信息步骤及程序。本指南各项调查技术方案可适用于各地外来入侵物种主管部门，按照具体需求选用，也可用于县（市、区、旗）级行政区（普查基本单元）内外来入侵杂草普查方案设计（抽样调查设计）。"外来入侵杂草访问调查技术方案""外来入侵杂草踏查技术方案""陆生外来入侵杂草调查技术方案""水生外来入侵杂草调查技术方案"和"外来入侵杂草无人机调查技术方案"可用于各级行政单位对普查单元内的外来入侵杂草进行问卷调查、踏查和重点排查。"外来入侵杂草生态经济影响评估技术方案""外来草本植物安全性评估技术方案"和"外来入侵杂草标本制作技术方案"等可用于各级行政单位和科研单位对外来入侵杂草进行调查、样本采集、风险评估及危害损失测定时参考。

本指南技术方案源于课题组多年工作经验总结，编撰时间仓促，不足之处恳请读者批评指正，以便进一步修正和完善。

编著者

2020年12月20日

目　　录

外来入侵杂草访问调查技术方案

1　范围

本技术方案规定了外来入侵杂草访问调查技术和方法。

本技术方案适用于外来入侵物种管理部门对入侵杂草全面普查（或专项调查、重点调查）前期的摸底排查以及入侵杂草在潜在发生区的早期监测。

2　规范性引用文件

GB/T 27618—2011《植物有害生物调查监测指南》。

NY/T 1861—2010《外来草本植物普查技术规程》。

3　术语定义

3.1　杂草（Weeds）

生长在人类不需要它们的地方，通常会造成可察觉的经济或环境负面影响的植物物种。

3.2　外来入侵杂草（Invasive Alien Weeds）

起源于境外，并在新入侵区域的自然或半自然生态环境中形成自我延续的杂草种群，其种群数量、丰度及分布范围快速增长，并给当地生态系统、生物多样性及依赖于这些生态系统的经济活动、人类健康造成威胁和危害的外来杂草。

3.3　访问调查（Interview Survey）

通过询问方式向被调查者了解入侵杂草在调查区域内的发生情况，获取原始资料的一种方法。一般事先根据调查目的设计调查表格，按照调查表的要求进行询问，又称调查表法。根据调查人员与被调查者交流方式的不同，可分为入户访问、街头随机访问、电话访问、邮寄访问和问卷访问等形式。

4 调查目的与调查单元

4.1 调查目的

明确调查区域内外来杂草发生情况，为入侵杂草全面普查工作开展收集前期数据，科学指导外来入侵杂草问卷调查数据采集。

4.2 调查单元

以县级行政区为调查基本单元，以乡镇为最小调查斑块，以农林牧渔业从业人员为主要调查对象。

5 调查问卷设计原则

5.1 主题明确

从实际出发，问题目的明确，重点突出，没有可有可无的问题。

5.2 结构合理

一般是先易后难、先简后繁、先具体后抽象。

5.3 通俗易懂

问卷语气亲切，具有合理性和可答性，避免主观性、暗示性和使用专业术语。

5.4 时长适宜

回答问卷时间控制在 5~10 min，问卷中既不浪费一个问题，也不遗漏一个问题。

6 访问调查

6.1 调查对象

（1）县、乡镇基层农业、林业、畜牧、草原、水产技术人员。
（2）大型林场技术人员和工作人员。
（3）所在地涉农公司和农业合作社负责人、技术人员和工人。
（4）长期直接从事农业生产的村民（农民、牧民、渔民）。

6.2 调查样本数

随机选取县、乡镇或街道从事农林牧渔业管理、生产、技术服务人员，调查有效样本数≥20名，其中管理及技术服务人员≥10人，从事种植、养殖农民、牧民和渔民≥10人。

6.3 问卷调查内容

问卷访问调查的内容包括外来入侵杂草发生种类、传入扩散途径、生长发育历期、发生面积、生境类型、危害情况、利用方式及防控措施等。问卷调查表见附录附表 A 至附表 E。

7 组织实施填报

由县级外来入侵物种普查办公室，组织专人统一开展问卷调查，按比例随机选取访问对象。

7.1 问卷表填报

调查表填报由普查员或普查指导员现场指导问卷调查数据汇总填报。
问卷调查对象应提供证明身份的有效证件，以备核实问卷调查表填报内容。

7.2 数据审核

普查机构应加强对问卷调查填报人员和审核人员的业务培训，对外来入侵杂草有一定的知识储备。

问卷调查表汇总整理前要确认调查表的完整性和全面性。

问卷调查表数据汇总由专人负责整理，确保准确性。

7.3 统计汇总

对附录 B 问卷调查表进行汇总，形成调查区域内（行政区）初始外来入侵杂草名录汇总表（附录 F），初步摸清调查区域内入侵杂草种类及数量、生活类型、最早入侵时间、发生面积、发生地点和危害情况。

通过对附表 A、附表 B、附表 C、附表 D、附表 E 进行汇总，了解基层从事农业生产者的年龄结构、知识结构、获取外来入侵物种知识的渠道以及外来入侵物种给生活和生产带来的危害，为外来入侵物种的宣传和培训提供数据支持，为实地踏查路线的设计提供依据。汇总表格式见附录 G。

附录 调查问卷及汇总表

附表 A 被访问人基本信息表

调查时间：_____年_____月_____日	调查表编号：_____（自动生成）

A 被访问人基础信息

您的姓名：_____	性别：□男 □女	民族：□汉族 □其他民族：_____

您的联系方式：
电话：_____   地址：_____

A1 您的年龄：
□20 岁以下
□20~60 岁
□60 岁以上

A2 您的文化程度：
□初中以下
□初中、高中
□中专、大学及以上

A3 您了解外来入侵物种的途径有哪些？
□电视节目　□手机信息推送　□互联网　□报纸　□科普读物　□朋友交流
□宣传栏　□明白纸　□其他方式：_____

续表

A4　您的工作类别（或从事的职业）：
□基层农技、植保、环保部门负责人、技术人员（填附表B）
□种植业涉农企业（合作社）负责人、技术人员及工人或从事种植生产农民（居民）（填附表C）
□畜牧业涉农企业（合作社）负责人、技术人员及工人或从事畜牧业生产农（牧）民（填附表D）
□水产养殖业涉农企业（合作社）负责人、技术人员及工人或从事水产养殖业生产渔民（填附表E）
□其他人员（如学生、教师等）：＿＿＿＿＿＿＿＿＿＿＿＿

附表B　县（乡镇）级基层农业管理和技术服务人员问卷调查表

B　基层外来入侵物种主管部门负责人、工作人员及技术人员	
B1　在您工作范围内是否发现有外来入侵杂草？ □有　　□没有	
B2　如果有，它们的生活型是： □陆生植物　□水生植物　□两者都有	
B3　它们大约有多少种？	
B3.1　陆生入侵杂草： □1~2种　□3~5种　□5种以上　□10种以上	**B3.2　水生入侵杂草：** □1~2种　□3~5种　□5种以上
B4　它们传入的途径：	
B4.1　陆生入侵杂草：（多选） □自然途径传入（风、水流、鸟类携带、动物携带） □引入后逃逸 □随种子、种苗、种畜传入 □随农畜产品贸易、农业生产资料跨区调运传入 □建筑垃圾运输传入 □旅游者无意携带传入　□不清楚	**B4.2　水生入侵杂草：（多选）** □自然途径传入（水流、鸟类携带） □引入后逃逸 □随水生花卉和种苗传入 □水产品贸易传入 □旅游者无意携带传入 □不清楚
B5　它们发生的生境？	
B5.1　陆生入侵杂草：（多选） □农田　　　　□果园　　　□草场 □公路两边　　□路边　　　□河岸 □湖边　　　　□沟渠　　　□撂荒地 □生活区　　　□城市绿化带 □其他生境：＿＿＿＿＿＿＿＿＿＿＿	**B5.2　水生入侵杂草：（多选）** □水田　　　□池塘　　　□河流 □小溪　　　□沟渠　　　□水库 □湖泊　　　□湿地　　　□滩涂 □其他生境：＿＿＿＿＿＿＿＿＿＿＿
B6　它们的危害？（多选）	
□影响农产品产量和质量　　　□影响草场质量、降低草场载畜量 □影响农事操作　　　　　　　□引起牲畜中毒 □人体过敏、传播疾病　　　　□影响景区景观 □影响区域物种多样性　　　　□影响水产养殖 □阻碍河道航运　　　　　　　□影响农田水利灌溉	
B7　现有的控制措施？（多选）	

续表

□物理防治（人工拔除、机械铲除、打捞等） □替代控制 □化学控制	□农业防治（深耕、栽培管理、刈割、中耕除草等） □生物防治（天敌昆虫、病原菌） □未采取防控措施

B8 这些入侵杂草的种类（俗名）、最早发现的时间、地点（行政村）和面积？

名称1：_____ 时间：_____ 地点：_____ 面积（亩*）：_____
名称2：_____ 时间：_____ 地点：_____ 面积（亩）：_____
名称3：_____ 时间：_____ 地点：_____ 面积（亩）：_____
名称4：_____ 时间：_____ 地点：_____ 面积（亩）：_____
名称5：_____ 时间：_____ 地点：_____ 面积（亩）：_____

审核员签名：_____	电话：_____

注：此调查问卷针对县（区、市）、乡镇基层从事农技、植保、环保管理和技术服务人员。

* 1亩≈667平方米（m^2），全书同。

附表 C 从事种植业生产人员问卷调查表

C 从事种植业生产人员
C1 您从事种植业生产多少年？ □5年以下 □5~10年 □10~20年 □20年以上
C2 在您生活或工作的环境中，是否发现不是本地常见的杂草种类？ □有 □没有
C3 如果有，它们有多少种类？ □1种 □2种 □3种 □5种 □自定义：_____
C4 请问最早发现的时间？ □2年以内 □2~5年 □5~10年 □10年以上
C5 危害的生境类型：（多选）？ □农田 □果园 □林地 □田边地头 □公路两边 □河岸 □沟渠 □撂荒地 □生活区 □其他生境：_____
C6 可能传入的途径？（多选） □自然途径传入（风、水流、鸟类携带、动物携带） □随种子、种苗传入 □农产品贸易（瓜、果、蔬菜等） □农业生产资料跨区调运 □建筑垃圾运输 □旅游时无意携带 □其他途径：_____
C7 发生面积？ □小于50亩 □50~200亩 □200~1 000亩 □1 000~5 000亩 □5 000亩以上

续表

C8 在当地扩散蔓延的途径？（多选）
□种子较轻，顶端具有冠毛，可借助风力、气流和水流等自然条件扩散
□种子带刺或有黏性，人们农事操作时可附着在衣服或农机具上扩散
□种子混杂在农作物秸秆内扩散
□种子附着在动物、鸟类的皮毛上扩散
□繁殖材料混杂在种苗内扩散
□交通运输车辆携带种子或繁殖材料扩散
□其他扩散途径：＿＿＿＿＿＿＿＿＿＿＿＿＿＿＿＿＿＿＿＿

C9 它们的危害？（多选）	
□影响农产品产量和质量	□影响果园果实产量和果品质量
□影响农事操作	□会引起牲畜中毒
□影响人体健康	□影响本地植物生长
□其他危害：＿＿＿＿＿＿＿＿＿＿＿＿＿＿＿＿	

C10 现有的控制措施？（多选）	
□物理防治（人工拔除 机械铲除、深埋等）	□农业防治（深耕、栽培管理、刈割、中耕除草等）
□替代控制	□生物防治（天敌昆虫、病原菌）
□化学控制	

审核员签名：＿＿＿＿＿＿	电话：＿＿＿＿＿＿

注：此调查问卷针对长期从事种植业生产农民（居民）和种植业涉农企业（合作社）负责人、
技术人员及工人。

附表 D 从事畜牧养殖业生产问卷调查表

D 从事畜牧养殖业生产人员
D1 您从事畜牧养殖业多少年？ □5 年以下 □5～10 年 □10～20 年 □20 年以上
D2 在您生活或工作的环境中，是否发现有不是本地常见的植物种类？ □有 □没有
D3 如果有，它们有多少种类？ □1 种 □2 种 □3 种 □5 种 □自定义：＿＿＿＿
D4 请问最早发现的时间？ □2 年以内 □2～5 年 □5～10 年 □10 年以上
D5 危害的生境类型：（多选）？ □草场 □沙地 □林地 □农田边缘 □公路两边 □湿地 □撂荒地 □生活区 □其他生境：＿＿＿＿＿＿＿＿＿＿＿
D6 可能传入的途径？（多选） □自然途径传入（风、鸟类携带、动物携带）　□购置牧草种子传入 □购置牧草饲草传入　　　　　　　　　　　□牲畜皮毛产品贸易传入 □种畜（牛、羊等）引种传入　　　　　　　□人们旅游时无意携带 □其他途径：＿＿＿＿＿＿＿＿＿＿＿＿＿＿＿＿＿

续表

D7 发生面积? □50~200 亩 □200~1 000 亩 □1 000~5 000 亩 □5 000 亩以上	

D8 在当地扩散蔓延的途径?（多选）
□种子较轻，顶端具有冠毛，可借助风力、气流和水流等自然条件扩散
□种子附着在衣服上扩散，或附着在动物、鸟类的皮毛上扩散
□种子能通过动物过腹传播扩散
□繁殖材料混杂牧草内扩散
□进行活畜交易时随着运输车辆扩散
□种子混入牲畜粪便随运输、施肥扩散
□其他扩散途径：＿＿＿＿＿＿＿＿＿＿

D9 它们的危害?（多选）
□影响草场质量，降低草场载畜量　　□影响牲畜皮毛质量
□影响牲畜健康　　　　　　　　　　□会引起牲畜中毒
□影响人体健康　　　　　　　　　　□影响本地植物生长
□其他危害：＿＿＿＿＿＿＿＿＿＿

D10 现有的控制措施?（多选）
□物理防治（人工拔除 机械铲除、深埋等）　□农业防治（深耕、栽培管理、刈割等）
□替代控制　　　　　　　　　　　　　　　□生物防治（天敌昆虫、病原菌）
□化学控制

审核员签名：＿＿＿＿＿＿　　　　　电话：＿＿＿＿＿＿

注：此调查问卷针对长期从事畜牧养殖业生产农（牧）民和畜牧养殖业涉农企业（合作社）负责人、技术人员及工人。

附表 E　从事水产养殖业生产问卷调查表

E 从事水产养殖业生产人员

E1 您从事水产养殖业多少年?
□5 年以下 □5~10 年 □10~20 年 □20 年以上

E2 在您生活或工作的环境中，是否发现有不是本地常见的植物种类?
□有 □没有

E3 如果有，它们有多少种类?
□1 种 □2 种 □3 种 □5 种 □自定义：＿＿＿＿

E4 请问最早发现的时间?
□2 年以内 □2~5 年 □5~10 年 □10 年以上

E5 危害的生境类型：（多选）?
□水田 □池塘 □河流 □小溪 □沟渠 □水库
□湖泊 □湿地 □滩涂 □其他生境：＿＿＿＿＿＿

续表

E6　可能传入的途径？（多选） □自然途径传入（水流、鸟类携带）　□水生花卉（草）种苗携带 □水生花卉（草）产品交易携带　　□水生动物（如鱼类）产品交易水体携带 □引进水生动物种苗时水体携带　　□人们旅游时无意携带 □其他途径：_____
E7　发生面积？ □小于50亩　□50~200亩　□200~1 000亩　□1 000~5 000亩 □5 000亩以上
E8　在当地扩散蔓延的途径？（多选） □繁殖材料随水流扩散　　　　　　□种子或繁殖材料附着在水禽羽毛上扩散 □随水生花卉（草）商品交易扩散　□随水生动物产品交易扩散 □其他扩散途径：_____
E9　它们的危害？（多选） □影响水田农产品产量和质量　□影响水产养殖和水生动物生长 □阻碍河道航运　　　　　　　□堵塞沟渠，影响农田水利灌溉 □传播疾病　　　　　　　　　□影响景区景观 □影响入侵水域其他植物生长　□其他危害：_____
E10　现有的控制措施？（多选） □物理防治（人工打捞、机械打捞、拦截阻隔等） □替代控制 □生物防治（天敌昆虫、病原菌） □化学防控

　　注：此调查问卷针对长期从事水产养殖业生产农（渔）民和水产养殖业涉农企业（合作社）负责人、技术人员及工人。

附表F　外来入侵杂草问卷调查物种汇总表

行政区：_____　　　　时间：_____年_____月_____日

序号	物种名称	生活型	入侵时间	入侵生境	发生面积	发生地点	主要危害	备注
1								
2								
3								
4								

续表

序号	物种名称	生活型	入侵时间	入侵生境	发生面积	发生地点	主要危害	备注
……								
n								

注：1. 此表根据附表 B，对基层外来入侵物种管理及技术人员调查结果汇总。

2. 物种名称：调查表里给出名称进行统计，按出现频率高的物种优先排序在前。

3. 生活型：陆生一年生；陆生多年生；水生一年生；水生多年生；有性繁殖、无性繁殖。

4. 入侵时间：为调查表里体现的最早时间。

5. 入侵生境：为被访问人所选生境。

6. 发生面积：为物种在不同地点发生面积的累计。

7. 发生地点：为被访问人给出去除重复的发生地点、行政村。

8. 主要危害：为被访问人所选择的危害方式。

9. 备注：为其他说明。

附表 G 基层农（牧、渔）民调查问卷汇总表

行政区：_____   时间：_____年_____月_____日

年龄结构	文化程度	入侵物种知识获取来源		危害	备注
		途径	人数		
20 岁以下					
20~60 岁					
60 岁以上					

注：1. 根据附表 A、附表 B、附表 C、附表 D、附表 E 对基层长期从事农业生产的人员进行问卷结果进行汇总。

2. 年龄结构：分为 20 岁以下；20~60 岁；60 岁以上。

3. 文化程度：分为初中以下；初中、高中；中专、大学及以上。

4. 获取知识途径：电视；手机信息；互联网；报纸；科普读物；朋友交流；宣传栏；明白纸。

5. 人数：各年龄段、不同文化程度人员了解外来入侵物种知识人群的数量。

6. 危害：为被访问人所选择的危害方式。

7. 备注：为其他说明。

外来入侵杂草实地踏查技术方案

1 范围

本技术方案规定了外来入侵杂草踏查的技术和方法。

本技术方案适用于外来入侵物种管理部门对外来入侵杂草进行踏查。

2 术语定义

2.1 普查单元 （Survey Unit）

以县级行政区为开展外来入侵物种普查最小区域，以乡镇为最小普查斑块。

2.2 关键节点 （Key Nodes）

在普查单元内，外来入侵杂草有可能进入该区域途经的关键地点，同时也是普查单元内外来杂草扩散的起点。

2.3 踏查 （On-the-spot Survey）

以问卷调查确定的普查单元内外来入侵杂草名录为目标调查对象，根据普查单元内生境类型及重点区域、关键节点的分布情况，设置预定调查路线，根据设定的路线进行实地察看，初步了解调查区域内外来入侵杂草的分布和发生情况。

3 物种排查

3.1 排查物种名录清单

根据官方公报、公告、统计年鉴、工作报告、专著、学术报告、期刊论文及报纸等文献查阅结果，通过各级外来入侵物种主管部门组织技术专家评估，确定入侵杂草排查名录。确定跨省区、跨生态区、跨气候带发生，危害生境广，危害面积大，危害程度严重的可确认为全国主要外来入侵杂草。全国主要外来入侵杂草名单（80 种）见附表 A1。

3.2 排查表

各普查单元针对各级主要外来入侵杂草排查名单对本单元内的外来入侵

物种进行排查。排查结果记录主要外来入侵杂草排查表（附表 A2）。

3.3 结果汇总

根据排查表，对普查单元（行政区）内主要外来入侵杂草排查结果进行汇总，形成普查单元（行政区）内主要外来入侵杂草物种汇总表（附表 A3）。

4 实地踏查

4.1 踏查时间和频次

根据普查单元内确定的外来入侵杂草的排查名录，结合生物学特性，选择在外来入侵杂草的出苗期、营养生长期或花蕾期时进行踏查；每年踏查频次应≥1 次。

4.2 关键节点的确定

普查单元内的关键节点是外来入侵杂草入侵的起点，是最初的定殖扩散点（示意图见附图 B1），包括以下地点。

（1）交通要道（铁路、高速公路、国道及普通公路）进出普查单元（行政区）的起点和终点。

（2）河流进入调查单元（行政区）的起点。

（3）大型水库、湖泊的进水口和出水口。

（4）车站、码头、机场及边防口岸。

（5）园艺/花卉、苗木、木材、水产品、农贸交易市场及生产资料集散地。

（6）有进、出口业务的涉农企业厂区及周边。

（7）快递公司包裹集散地。

（8）粮库周边，粮食加工厂周边。

4.3 重点区域的确定

根据关键节点确定重点踏查区域，重点区域示意图见附图 B2。

（1）交通要道（铁路、高速公路、国道及普通公路）进入普查单元 5~10 km 线路。

（2）河流（江河或小溪）流入普查单元内 500~5 000 m 流域。

（3）大型水库或湖泊以进水口和出水口为圆点，在水库和湖泊半径为

100~1 000 m 的扇面。

（4）车站、码头、机场及边防口岸周围 100~1 000 m 的交通要道和河流。

（5）园艺/花卉、苗木、木材、水产品、农贸交易市场及农业生产资料集散地周围 100~1 000 m 的交通要道和河流。

（6）有进、出口业务的涉农企业周围 100~1 000 m 的交通要道和河流。

（7）快递公司包裹集散地周围 100~500 m 的交通要道和河流。

（8）粮库及粮食加工企业周边 1 000 m 以内区域。

4.4　踏查路线的设置

4.4.1　踏查路线的设置遵循的原则

（1）根据普查单元内外来入侵杂草的扩散途径等生物学特性，设置踏查线路。

（2）踏查线路要兼顾普查单元内周边其他生境、关键节点和重点区域。

（3）踏查路线应包括普查单元内外来入侵杂草可能入侵的主要生境类型。

4.4.2　踏查方法

根据生境类型选择适当的踏查方法，包括人力调查和无人机调查。

常规的人工踏查方法有平行线法、三线法、对角线法和"Z"字路线法等（附图 B3）。

无人机调查是利用高清晰度无人机低空拍摄技术结合现代视觉光谱技术，自动获取生成不同生境内所有外来入侵杂草的分布信息，并将相关数据按程序上报。

一般对于分布面积较小、人力较易到达的陆地区域可采用人力调查法进行踏查；对于水生入侵杂草、分布面积较大的陆生入侵杂草，或其他人力较难到达的生境，可结合当地实际情况，选择在入侵杂草生长周期的合适时间节点采用无人机调查法进行踏查。

踏查数据记录见附表 B。

（1）人力调查法。

①交通要道：采用平行线法踏查，沿公路、铁路两边成 2 条平行线，边走边查看两旁是否有外来入侵杂草发生，每走 500 m，对路旁 3~5 m 的地带进行详细查看。

②河流、溪流：采用平行线法踏查，沿河流、溪流两岸形成 2 种平行线，边走边查看河水表面、溪流内及河堤上是否有外来入侵杂草发生，对于水流缓慢地带，要进行详细查看。

③沟渠：可边走边调查，查看沟渠里、沟渠边上是否有外来入侵杂草发生，每50~100 m或在排水口处要对沟渠周边生境进行详细查看。

④大型水库、湖泊：可沿水域岸边踏查，离岸边较远的水面，可用望远镜远查看。若水域面积大，望远镜无法查看清楚，可采用无人机低空飞行进行踏查。对于水库、湖泊进水口和出水口处应作为重点区域详细查看。

⑤湿地：采用三线法进行踏查，2条线沿湿地生境边缘，边走边查看，第3条线设置在湿地生境中部，在踏查路线上每隔100~500 m，要对周边生境进行详细调查。

⑥水田：对于成片水田，采用三线法，2条线沿水田生境田埂边缘，边走边查看，第3条线设置在生境中部，在踏查路线上每隔100~500 m，要对周边生境进行详细调查。

⑦旱地、山地、撂荒地：采用对角线法或"Z"字路线法，沿2条对角线方向进行调查，在2条对角线上选取4个点，交叉选择1个点，共5个点，进行详细调查。

⑧果园、苗圃：若果园、苗圃为同一种树种，成片栽植时，采用对角线法或"Z"字路线法进行踏查，沿2条对角线方向进行调查，在2条对角线上选取4个点，交叉选择1个点，共5个点，进行详细调查；如果园、苗圃果树和苗木为成行栽植时，用三线法，2条线沿果园、苗圃边缘设置，第3条线设置在生境中部，边走边察看，在踏查路线上每隔100~500 m要进行详细调查。

（2）无人机调查法。利用无人机或麦视监测机等高光谱信息采集系统，沿调查区域上空飞行，采集地面植被信息，根据视觉光谱特征分析获得入侵杂草的发生地点、发生面积、群落密度等数据，并自动生成可视化外来入侵杂草诊断图。具体规范要求详见"外来入侵杂草无人机调查技术方案"。

4.4.3 发生面积统计

（1）发生于农田、果园、荒地、林地、草地、池塘、湿地等具有明显边界生境内的入侵杂草，其发生面积以地块面积累计计算，或划定包含所有已发生点的区域，以整个区域的面积进行计算。

（2）发生于河道周边、公路两边等区域的入侵杂草，其发生面积小时，可用目测法估计实际发生面积，其发生面积较大时，每个发生点间距小于1 km视为1个发生区，发生面积=按照河岸宽度或公路边的宽度×发生的长度。

（3）发生于工矿厂区、居民区等区域的入侵杂草，其发生面积以整个厂区或居民区的面积计算。

（4）发生于天然草场、自然林地、自然水域等生境的入侵杂草，如无明显边界，可手持 GPS 仪沿着入侵杂草发生边沿走完 1 个闭合轨迹后，计算入侵杂草发生面积，也可以使用无人机航拍获取其发生面积。

（5）发生于地理环境复杂（山高坡陡、沟壑纵横）生境的入侵杂草，人力不便或无法实地踏查区域可采用目测法、无人机航拍法或通过当地国土资源部门或熟悉当地基本情况的基层工作人员获取其发生面积。

5 踏查表的填报和审核

5.1 踏查表的填报

人力调查法踏查表填报由普查员或普查指导员现场指导填报；无人机调查法自动生成的可视化外来入侵杂草诊断图包含入侵杂草的发生地点、发生面积、群落密度等信息，可在数据终端直接查看。

根据不同生境情况，选择填报相应的踏查表。

普查员或普查指导员需要利用移动数据采集终端现场核实地理坐标，补充相关经纬度和海拔信息。

5.2 踏查表质量控制与数据审核

对于同一频次踏查工作，应由固定的普查员执行，保证踏查数据采集的规范。

普查员需要实时对踏查表的内容、采集指标是否齐全，以及是否符合踏查技术的规定和要求等进行审核。发现信息不全、数据错误应及时纠正。

普查指导员在现场审核的基础上，对踏查表中数据完整性、合理性和逻辑性进行全面审核，必要时应开展现场核验。

各级普查负责人应对辖区内踏查填报数据进行集中或抽样审核，上级普查机构应对下级普查机构填报的录入数据开展抽样复核。

审核过程中发现的问题，应及时确认错误并修正，但不得随意更改上报数据。

6 安全措施

普查人员应进行体检，确认身体合格后方可参加普查工作。

普查人员应熟悉普查单元内的自然环境、地理、交通、治安和人文等情况。

普查工作时，应由有经验的人员带领，做好个人防护并制定安全保障措施。

无人机操作需由持有相关职业证书及具备上岗资质的专业技术人员完成。

普查作业时，不能一人单独外出作业。

普查作业时，当气温达到38℃以上时，应当对普查人员采取降温措施或避开高温期，选择清晨或傍晚作业；无人机作业时，需选择适合飞行的天气进行操作。

附录 A 外来入侵杂草排查名单及排查信息汇总

附表 A1 全国主要外来入侵杂草名单

序号	中文名	学名（拉丁名）	备注
1	节节麦	*Aegilops tauschii* Coss.	名录物种21种
2	紫茎泽兰	*Ageratina adenophora*（Spreng.）R. M King & H. Rob.	
3	空心莲子草	*Alternanthera philoxeroides*（Mart.）Griseb.	
4	长芒苋	*Amaranthus palmeri* Watson	
5	刺苋	*Amaranthus spinosus* L.	
6	豚草	*Ambrosia artemisiifolia* L.	
7	三裂叶豚草	*Ambrosia trifida* L.	
8	少花蒺藜草	*Cenchrus pauciflorus* Bentham	
9	飞机草	*Chromolaena odorata*（L.）R. M. King & H. Rob.（=*Eupatorium odoratum* L.）	
10	凤眼莲	*Eichhornia crassipes*（Martius）Solms-Laubach	
11	黄顶菊	*Flaveria bidentis*（L.）Kuntze	
12	马缨丹	*Lantana camara* L.	
13	毒麦	*Lolium temulentum* L.	
14	薇甘菊	*Mikania micrantha* H. K. B.	
15	银胶菊	*Parthenium hysterophorus* L.	
16	大薸	*Pistia stratiotes* L.	

续表

序号	中文名	学名（拉丁名）	备注
17	假臭草	*Praxelis clematidea*（Griseb.）R. M. King et H. Rob.（=*Eupatorium catarium* Veldkamp）	名录物种21种
18	刺萼龙葵	*Solanum rostratum* Dunal	
19	加拿大一枝黄花	*Solidago canadensis* L.	
20	假高粱	*Sorghum halepense*（L.）Pers.	
21	互花米草	*Spartina alterniflora* Loiseleur	
22	三叶鬼针草	*Bidens pilosa* L.	非名录物种59种
23	含羞草	*Mimosa pudica* L.	
24	喀西茄	*Solanum Aculeatissimum* Jacq.	
25	线叶金鸡菊	*Coreopsis lanceolataus* L.	
26	刺苍耳	*Xanthium spinosum* L.	
27	细叶满江红	*Azolla filiculoides* Lam.	
28	速生槐叶萍	*Salvinia adnate* Desv.	
29	落葵薯	*Anredera cordifolia*（Tenore）Steenis	
30	麦仙翁	*Agrostemma githago* L.	
31	土荆芥	*Chenopodium ambrosioides* L.	
32	刺花莲子草	*Alternanthera pungens* H. B. K.	
33	铺地黍	*Chenopodium pumilio* R. Br.	
34	水盾草	*Cabomba caroliniana* A. Gray	
35	绿独行菜	*Lepidium campestre*（L.）R. Br. f. f. *glabratum*（Lej. et Court.）Thell.	
36	北美独行菜	*Lepidium virginicum*	
37	金合欢	*Acacia farnesiana*（L.）. Willd.	
38	银合欢	*Leucaena leucocephala*（Lam.）de Wit	
39	光萼猪屎豆	*Crotalaria zanzibarica* Benth.	
40	巴西含羞草	*Mimosa invisa* Mart. ex Colla	
41	野老鹳草	*Geranium carolinianum*	
42	齿裂大戟	*Euphorbia dentata* Michx.	
43	飞扬草	*Euphorbia hirta* L.	
44	葡萄大戟	*Euphorbia pekinensis* Rupr.	
45	刺果瓜	*Sicyos angulatus* L.	

续表

序号	中文名	学名（拉丁名）	备注
46	小花山桃草	*Gaura parviflora* Dougl.	
47	粉绿狐尾草	*Myriophyllum aquaticum*（Vell.）Verdc.	
48	刺芹	*Eryngium foetidum* L.	
49	南美天胡荽	*Hydrocotyle verticillata* Thunb.	
50	阔叶丰花草	*Borreria latifolia*（Aubl.）K. Schum.	
51	糙叶丰花草	*Borreria articularis*（L. f.）G. Mey.	
52	原野菟丝子	*Cuscuta campestris* Yunck.	
53	五爪金龙	*Ipomoea cairica*（L.）Sweet	
54	三裂叶薯	*Ipomoea triloba* L.	
55	北美刺龙葵	*Solanum carolinense* L.	
56	银毛龙葵	*Solanum elaeagnifolium*	
57	猫爪藤	*Macfadyena unguis-cati*（L.）A. Gentry	
58	洋金花	*Datura metel* L.	
59	多年生豚草	*Ambrosia psilostachya* DC.	
60	大狼把草	*Bidens frondosa* L.	
61	苏门白酒草	*Conyza sumatrensis*（Retz.）Walker	非名录物种59种
62	大花金鸡菊	*Coreopsis grandiflora* Hogg.	
63	裸冠菊	*Gymnocoronis spilanthoides*	
64	假苍耳	*Cyclachaena xanthiifolia*（Nutt.）Fresen.	
65	毒莴苣	*Lactuca serriola* Linnaeus	
66	印加孔雀草	*Tagetes minuta* Linnaeus	
67	肿柄菊	*Tithonia diversifolia* A. Gray.	
68	意大利苍耳	*Xanthium italicum* Moretti	
69	野燕麦	*Avena fatua* L.	
70	多花黑麦草	*Lolium multiflorum* Lam.	
71	奇异虉草	*Phalaris paradoxa* L.	
72	大米草	*Spartina anglica* Hubb.	
73	水茄	*Solanum torvum* Swartz	
74	藿香蓟	*Ageratum conyzoides* L.	
75	扁穗雀麦	*Bromus catharticus* Vahl.	
76	狭叶猪屎豆	*Crotalaria ochroleuca* G. Don	
77	合欢草	*Desmanthus virgatus*（L.）Willd.	
78	粗毛牛膝菊	*Galinsoga quadriradiata* Ruiz et Pav.	
79	大爪草	*Spergula arvensis* L.	
80	南美蟛蜞菊	*Sphagneticola trilobata*（Linnaeus）Pruski	

附表 A2　主要外来入侵杂草排查表

调查时间：＿＿＿年＿＿＿月＿＿＿日　　　　排查表编号：＿＿＿＿＿＿＿＿＿＿＿＿

基础信息

普查员姓名：＿＿＿＿＿	性别：□男 □女	民族 □汉族 □其他民族：＿＿＿＿＿

职称	□初级 □中级 □高级
年龄	□20 岁以下 □20~45 岁 □45~60 岁 □60 岁以上
文化程度	□大专以下 □大专 □本科 □研究生
工作单位	＿＿＿＿＿＿＿＿＿＿＿＿＿＿＿＿＿＿＿＿＿＿＿＿＿
所属行业	□管理 □农业 □林业 □畜牧 □植物检疫 □环境保护 □其他
联系方式	电话：＿＿＿＿＿＿＿＿＿　地址：＿＿＿＿＿＿＿＿＿＿＿

主要外来入侵杂草排查表

序号	物种名称	发生地点	发生生境	发生面积	危害程度	防控情况	备注
1							
2							
……							
n							

审核人：＿＿＿＿＿＿＿＿＿＿＿＿＿＿
电话：＿＿＿＿＿＿＿＿＿＿＿＿＿＿
审核时间：＿＿＿＿＿＿＿＿＿＿＿＿

注：1. 基础信息：排查人根据自身实际情况填写。

　　2. 物种名称：是排查名单中在本普查单元内有分布的杂草物种名称，也可以是非排查名单中的物种，但在本普查单元内分布广、危害程度严重的物种。

　　3. 发生地点：指发生的乡镇、行政村。

　　4. 发生生境：指发生的生境类型，如农田、沟渠、果园、道路、河道、草地或林地等。

　　5. 发生面积：指此杂草在普查单元内发生危害的面积。

　　6. 危害程度：轻度危害，盖度或频度<5%；中度危害，盖度或频度 5%~20%；重度危害，盖度或频度>20%；盖度的计算方法为入侵杂草发生面积占调查面积的比例；频度计算方法为入侵杂草踏查过程中发生点的数量与总踏查点数量的比值。

　　7. 防治情况：指对杂草实施防治措施的面积。

　　8. 备注：标注所排查物种级别：国家名单、省级名单或地方名单，物种排查名单外的物种，需要注明"名单外"。

附表 A3　主要外来入侵杂草物种排查汇总表

行政区：_____　　　　　　　　时间：_____年_____月_____日

序号	物种名称	发生主要生境	发生总面积	危害程度	防控情况	备注
1						
2						
……						
n						

汇总人：_____　　审核人：_____　　审核时间：_____年_____月_____日

注：1. 物种名称：通过排查表汇总，剔除重复的物种。

　　2. 发生生境：指发生的生境类型，如农田、沟渠、果园、道路、河道、草地或林地等。

　　3. 发生面积：指在普查单元内该物种发生危害的面积之和。

　　4. 危害程度：轻度危害，盖度或频度<5%；中度危害，盖度或频度 5%~20%；重度危害，盖度或频度>20%。

　　5. 防治情况：指对杂草实施防治措施的面积。

　　6. 备注：物种排查名单外的物种，需要注明"名单外"。

附录 B　外来入侵杂草踏查路线示意图

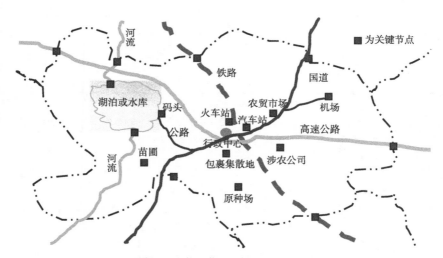

附图 B1　普查单元关键节点示意图

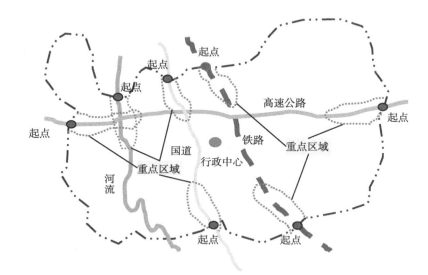

（a）交通要道、河流重点区域

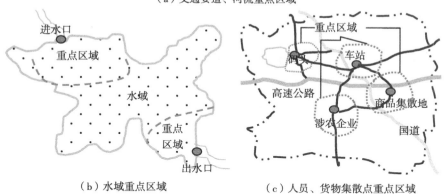

（b）水域重点区域　　　（c）人员、货物集散点重点区域

附图 B2　重点区域示意图

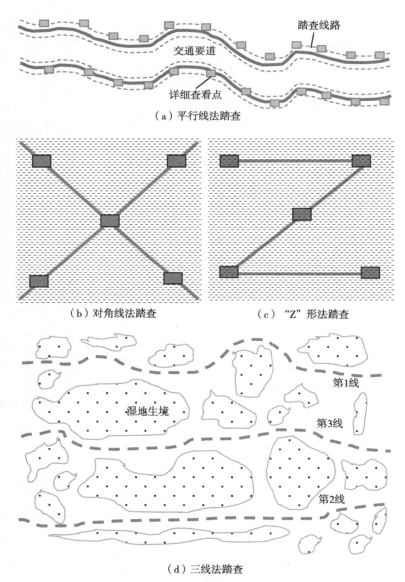

（a）平行线法踏查

（b）对角线法踏查　　　　（c）"Z"形法踏查

（d）三线法踏查

附图 B3　踏查方法示意图

附表 B 外来入侵杂草踏查结果记录表

基础信息

踏查时间：____年____月____日　　　　　　　　　　编号：_____
踏查路线：_____　　踏查面积：_____（hm²）
踏查人：_____　　工作单位：_____
职称职务：_____　　联系方式：_____

踏查记录表					
入侵杂草 物种名称	发生生境	发生地 （行政村及 GPS位点）	危害	是否有病 虫害发生	备注
（物种1）					
（物种2）					
（物种3）					
……					
（物种n）					

注：1. 物种名称：中文名、拉丁名及俗名。

2. 发生生境：指发生的生境类型，如农田、沟渠、果园、道路、河道、草地或林地等。

3. 发生地：指发生的乡镇、行政村及GPS位点。

4. 危害程度：轻度危害，盖度或频度<5%；中度危害，盖度或频度5%~20%；重度危害，盖度或频度>20%。

5. 是否有病虫害发生：指入侵杂草植株上是否伴随有其他病害或虫害发生。

6. 备注：物种排查名单外的物种，需要注明"名单外"。

陆生外来入侵杂草调查技术方案

1 范围

本调查方案规定了陆生外来入侵杂草普查的技术方法。
本调查方案适用于外来入侵物种主管部门对陆生入侵杂草普查。

2 规范性引用文件

GB/T 27618—2011《植物有害生物调查监测指南》。
NY/T 1861—2010《外来草本植物普查技术规程》。

3 术语定义

3.1 杂草（Weeds）

生长在人类不需要它们的地方，通常会造成可察觉的经济或环境负面影响的植物物种。

3.2 外来入侵杂草（Invasive Alien Weeds）

起源于境外，并在新入侵区域自然或半自然生态环境中形成自我延续的杂草种群，其种群数量、丰度及分布范围快速增长，并给当地生态系统、生物多样性及依赖于这些生态系统的经济活动、人类健康造成威胁和危害的外来杂草。

3.3 普查（General Survey）

对一种（类）或几种（类）入侵杂草进行全面调查的官方行动。

3.4 盖度（Coverage）

单位面积内植物冠层部分投影的面积占地面面积的比率。

3.5 频度 (Frequency)

某种植物在样地内全部样方 (样点) 中出现的百分率。

3.6 优势种 (Dominant Species)

对群落结构和群落环境的形成具有明显控制作用的植物，通常是个体数量多、盖度大、生物量高并且生命力强的植物种类。

3.7 定殖 (Establishment)

一个物种传入新分布区后，在自然或半自然生态环境下，能完成生活史，并能维持一定种群规模的过程。

3.8 样地调查 (Sampling Plot Survey)

在普查单元内，选择代表性样地，针对调查对象按入侵杂草的种群调查方法对其发生和危害情况进行的调查记录。

4 遵循的原则

4.1 全面性

全面性是外来入侵杂草普查工作的核心原则。在开展普查工作的普查单元内 (行政区) 要覆盖所有区域和生境，不漏掉任何一种外来杂草发生地区，不漏掉任何一种外来入侵杂草物种，不漏掉外来入侵杂草任何一个可获得的详细信息。

4.2 真实性

普查是对外来入侵杂草风险评估、监测预警、应急防控、综合治理等一系列工作的基础和依据，对结果的真实性要求高。普查中应综合利用文献查阅、信息咨询、问卷调查、实地踏查、样地调查等措施，获取确切真实的外来入侵杂草发生信息。

4.3 规范性

外来入侵杂草普查工作涉及地域广、人员多并且工作量大，一个地区甚至一个普查人员的不规范操作都可能对整个普查工作的进度和真实性造成很大的影响。因此，对外来入侵杂草的普查要严格按照统一的时间、统一的方法、统一的进度开展。

4.4 专业性

外来入侵杂草的普查工作对普查人员的专业能力具有较高的要求。普查人员通过查询文献资料或接受培训，能识别常见或者大部分本地植物和外来植物，可显著减少调查工作量和鉴定专家的工作强度。

5 普查区域及调查时间的确定

以县级行政区为最小普查单元，乡镇为最小普查斑块。

根据普查单元内陆生外来入侵杂草生物学特性，结合植物生育期、物候及普查单元内气候状况，选择入侵杂草营养生长期或花蕾期为宜。

6 调查样地设置

根据普查单元内实地踏查结果，确定样地调查的对象，选择典型生境，设置代表性调查样地。

代表性调查样地为入侵杂草生境发生区域的一部分，样地的种群调查数据代表生境发生区的种群数据。

陆生入侵杂草的调查样地应覆盖普查单元内的所有类型的入侵生境。

样地面积根据陆生外来入侵杂草的生活型（灌木植物、草本植物或攀缘植物）及危害生境类型，确定调查样地面积，样地面积（S）≥667 m^2。

调查样地数量≥3 块。

针对同一种杂草的相同生境调查样地之间的间隔≥500 m。

7 种群调查方法

对小面积发生的、人力较易到达区域内的陆生外来入侵杂草，其种群调查可采用样方法或样线法完成，确定调查方法后，在同一普查单元内应保持一致，不宜更改。

对于成片危害的陆生外来入侵杂草，发生面积较大，或发生生境人力较难到达的，可使用高光谱无人机信息采集系统进行调查，依规划航线自主飞行并采集数据，生成可视化外来入侵杂草分布图，相关技术规范详见"外来入侵杂草无人机调查技术方案"。

7.1 样方法

7.1.1 取样方法

对陆生外来入侵杂草的调查取样方法采用随机取样、规则取样、限定随机取样和代表性样方取样。取样方法示意图见附图 A。

（1）随机取样。可根据随机数字，在两条相互垂直的轴上成对地取样。或通过罗盘在任意几个方向上，分别以随机步程法取样。随机数字可以用抽签、纸牌或随机数字表等获得。

（2）规则取样。俗称系统取样，可使用对角线取样、方格法取样、梅花形取样、"S"形取样、"Z"形取样或"W"形取样等，使样方以相等的间隔分布于样地内，或在样地内设置若干等距离的直线，以相等的间距在直线上选取样方。

（3）限定随机取样。以规则取样的方法，将样地划分为若干个较小的区域，然后在每个划分的小区域内随机选取样方。

（4）代表性样方取样。主观地将样方设置在认为有代表性的和某些特殊的区域。

7.1.2 样方规格

根据陆生外来入侵杂草生活型、不同生育期选取不同的样方规格。

（1）草本植物。采用 0.25 m²（0.5 m×0.5 m）、1 m²（1 m×1 m）规格样方。

（2）灌木植物。采用 4 m²（2 m×2 m）、16 m²（4 m×4 m）或 25 m²（5 m×5 m）的规格样方。

（3）攀缘植物。农田生境采用 1 m² （1 m×1 m）规格样方。

7.1.3　调查方法

（1）根据调查样地的生境类型，选择取样方法。

（2）根据杂草的生活性选择合适的样方规格。

（3）每个样地内样方数量应≥5 个。

（4）若发生在较复杂生境，样方数量应≥3 个。

（5）每个样方之间的距离应≥5 m。

（6）对样方内的所有植物种类、数量及盖度进行调查。调查对象为攀缘植物，需要测量攀缘高度。调查数据记录于附表 A1 中。

（7）按附表 A2 的数据项对调查数据进行汇总。

7.2　样线法

7.2.1　样线的确定

根据调查样地生境类型和面积大小，选取样线方案，不同生境样线方案见附表 B1，样线法取样示意图见（附图 B）。

7.2.2　调查方法

（1）根据调查样地生境类型，选取 1 条或 2 条样线。

（2）每条样线选取 50 个等距的样点。

（3）取样签垂直于样点处地面插入地表。

（4）插入点半径 5~15 cm 内植物为该样点样本植物。

（5）调查样点的植物的种类和数量，记录于附表 B2。

（6）样线法调查数据按附表 B3 的数据项进行汇总整理。

7.3　无人机调查法

对于分布面积较大的陆生入侵杂草或人力较难到达的生境，可在入侵杂草生长周期的合适时间节点（如花期、果期等）采用无人机进行调查。

利用无人机或麦视监测机等视觉高光谱信息采集系统，沿调查区域上空飞行，采集地面植被信息，根据视觉光谱特征分析获得入侵杂草的发生地点、发生面积、群落密度等数据，并自动生成可视化外来入侵杂草分布图。该图包含入侵杂草的发生地点、发生面积和群落密度等信息，可在数据终端直接进行查看、处理、汇总及上传。

8 发生面积调查方法

若发生生境为农田、果园、荒地、绿地或生活区等，这些生境有明显边界，发生面积以地块面积累计计算，或划定包含所有发生点的区域，以整个区域的面积进行计算。

若发生生境为草场、林地、交通要道沿线、河流堤岸等没有明星边界，可持定位仪器沿着发生点边沿走完一个闭合轨迹，将定位仪器计算出来的面积作为发生面积，也可使用无人机航拍获取其发生面积。其中，每个发生点间距小于 1 km 视为一个发生区。

若发生地地理环境复杂（山高坡陡、沟壑纵横），不利不便或无法实地调查或使用定位仪测算面积，可通过无人机搭载高光谱信息采集系统低空航拍，自动获取其发生面积。

发生面积调查数据记录于附表 C 中。

附录 A 陆生外来入侵杂草样方法调查

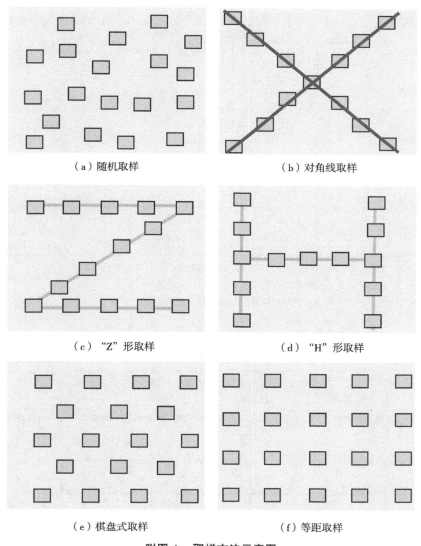

（a）随机取样　　　　　　　　（b）对角线取样

（c）"Z"形取样　　　　　　　　（d）"H"形取样

（e）棋盘式取样　　　　　　　　（f）等距取样

附图 A 取样方法示意图

附表 A1 陆生外来入侵杂草样方法种群调查表

基础信息						
调查日期：＿＿＿＿＿＿ 调查对象：＿＿＿＿＿＿ 生育期：□营养生长期 □花蕾期 样地编号：＿＿＿＿＿ 生境类型：＿＿＿＿ 样地大小：＿＿＿（m²）经纬度：东经＿＿ 北纬＿＿ 样地位置：＿＿＿省＿＿＿市＿＿＿县＿＿＿乡（镇）/街道＿＿＿村；海拔：＿＿＿（m） 调查人：＿＿＿＿＿ 职务/职称：＿＿＿＿＿ 工作单位：＿＿＿＿＿＿＿ 联系方式：固定电话＿＿＿ 移动电话＿＿＿ 电子邮件＿＿＿ 微信号＿＿＿						

群落调查记录表（样方法）						
样方序号	物种序号	入侵杂草名称	植株数量	盖度/%	优势种	备注
1	1					
	2					
	……					
2	1					
	2					
	……					
……	1					
	2					
	……					
n	1					
	2					
	……					

注：1. 盖度：指调查后计算得到的入侵杂草实际覆盖面积占调查面积的比例。

2. 优势种：指入侵杂草中数量最多、覆盖面积最大的物种。

3. 备注：物种排查名单外的物种，需要注明"名单外"。

附表 A2 陆生外来入侵杂草种群样方法调查结果汇总表

基础信息					
汇总日期：＿＿＿＿＿ 样地编号：＿＿＿＿＿ 样方数量：＿＿＿＿ 汇总人：＿＿＿＿ 职务/职称：＿＿＿＿ 工作单位：＿＿＿＿＿ 联系方式：固定电话＿＿＿ 移动电话＿＿＿ 电子邮件＿＿＿ 微信号＿＿＿					

序号	入侵杂草名称	样地内的植株数	出现的样方数	样地内的平均盖度/%	优势种
1					
2					
……					
n					

注：1. 平均盖度：指调查后计算得到的入侵杂草在各样方实际覆盖面积占调查面积比例的平均值。

2. 优势种：指入侵杂草中数量最多、覆盖面积最大的物种。

附录 B 陆生外来入侵杂草样线法调查

附表 B1 不同生境样线选取方案

生境类型	样线选取方法	样线长度/m	点距/m	样点半径 R/cm
菜地	对角线	20~100	0.4~2.0	2~10
农田	对角线	50~100	1.0~2.0	5~10
果园	对角线	50~100	1.0~2.0	5~10
撂荒地	对角线	20~100	0.4~2.0	2~10
天然/人工草场	对角线	50~100	1.0~2.0	5~10
江河、沟渠沿岸	沿两岸各取 1 条（可为曲线）	50~100	1.0~2.0	5~10
干涸沟渠内	沿内部取 1 条（可为曲线）	50~100	1.0~2.0	5~10
铁路、公路两侧	沿两侧各取 1 条（可为曲线）	50~100	1.0~2.0	5~10
天然/人工林地、城镇绿化地、生活区、山坡以及其他生境	对角线，取对角线不便或无法实现时可使用"S"形、"V"形、"N"形或"W"形曲线	20~100	0.4~2.0	2~10

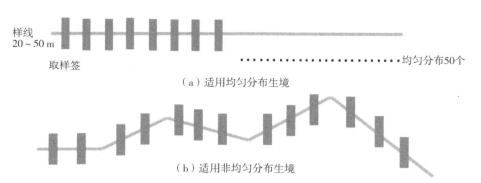

（a）适用均匀分布生境

（b）适用非均匀分布生境

附图 B 样线法取样示意图

附表 B2 陆生外来入侵杂草种群样线法调查记录表

基础信息

调查日期：_____　调查对象：_____　生育期：_____
样地编号：_____　生境类型：_____　样地大小：_____（m²）经纬度：东经_____ 北纬_____
样地位置：_____省_____市_____县_____乡（镇）/街道_____村；海拔：_____（m）
调查人：_____　职务/职称：_____　工作单位：_____
联系方式：固定电话_____　移动电话_____　电子邮件_____　微信号_____

群落调查记录表（样线法）							
样点序号	入侵杂草名称Ⅰ	株数	入侵杂草名称Ⅱ	株数	入侵杂草名称Ⅲ	株数	……
1							
2							
3							
……							
100							

注：1. 入侵杂草名称：指调查得到的入侵杂草种类中文名和拉丁名。

　　2. 株数：指单个样点内入侵杂草的植株数量。

附表 B3 陆生外来入侵杂草群落样线法调查结果汇总表

基础信息

汇总日期：_____　　　　　　　样地编号：_____
汇总人：_____　职务/职称：_____　工作单位：_____
联系方式：固定电话_____　移动电话_____　电子邮件_____　微信号_____

群落调查数据汇总（样线法）				
物种序号	入侵杂草名称	株数	频度	优势种
1				
2				
3				
……				

注：1. 频度：指调查后计算得到的入侵杂草株数占总调查株数的比值。

　　2. 优势种：指入侵杂草中数量最多、覆盖面积最大的物种。

附录 C 陆生外来入侵杂草发生面积记录

附表 C 陆生外来入侵杂草发生面积记录表

基础信息						
调查日期：_____ 调查对象：_____ 生育期：□营养期 □花蕾期						
调查点位置：_____省_____市_____县_____乡（镇）/街道_____村						
经纬度： 东经_____ 北纬_____ 海拔_____（m）						
调查人：_____ 职务/职称：_____ 联系方式：_____						
工作单位：_____						
发生面积						
发生生境类型	发生面积/hm²	优势入侵杂草种类	危害对象	危害方式	危害程度	经济损失/元
……						
合计						

注：1. 生境类型：指发生的生境特征，如农田、果园、林地或草地等。

2. 发生面积：指经过调查后计算出的入侵杂草实际覆盖面积。

3. 危害对象：指发生地的主要本土植物或农作物。

4. 危害方式：指挤占生境、降低产量、危害人畜健康等。

5. 危害程度：样地（或生境）盖度/频度的汇总，为平均盖度/频度。危害程度分为轻度危害，盖度或频度<5%；中度危害，盖度或频度 5%~20%；重度危害，盖度或频度>20%，具体计算公式如下。

$$\overline{X} = \frac{\sum X_i W_i}{\sum W_i} \qquad \text{（附录 C 公式 1）}$$

式中：$\overline{X}$——平均盖度/频度；X_i——样地（或生境）i 入侵物种的盖度/频度；W_i——样地（或生境）i 的面积。

6. 经济损失计算方法见《外来入侵杂草经济影响评估技术规范》。

水生外来入侵杂草调查技术方案

1 范围

本技术方案规定了对水生外来入侵杂草常规调查的技术和方法。

本技术方案适用于农业农村环境保护、水产养殖等管理部门及研究机构等开展对水田、河流、沟渠、池塘、水库、湖泊和滩涂等水域生境进行水生外来入侵杂草的调查。

水生外来入侵杂草调查内容中的生物量、水域生境、种群动态影响、经济危害等指标，可根据调查单位实际需要选择性调查。

2 规范性引用文件

HJ/T 710. 12《生物多样性观测技术导则 水生维管植物》。

SC/T 9102. 2《渔业生态环境监测规范 第二部分：海洋》。

SC/T 9102. 3《渔业生态环境监测规范 第三部分：淡水》。

SN/T 2340《有害生物图像摄取操作规范》。

NY/T 1861《外来草本植物普查技术规程》。

NY/T 3076《外来入侵植物监测技术规程 大藻》。

3 术语定义

3.1 水生植物（Aquatic Plants）

生理上依附于水环境、至少部分生殖周期发生在水中或水表面的植物类群，包括漂浮植物、沉水植物、浮叶植物、挺水植物和湿生植物。

漂浮植物又称完全漂浮植物，是根不着生在底泥中，整个植物体漂浮在水面上的一类浮水植物；沉水植物是指植物体全部位于水层下面营固着生存的大型水生植物；浮叶植物是指生于浅水中，根扎入水底基质，只是叶片浮于水面的一类浮水植物，又称着生浮水植物；挺水植物指植物的根、根茎生长在水的底泥之中，而茎、叶挺出水面的植物；湿生植物指生活在草甸、河湖岸边和沼泽的植物，其喜欢潮湿环境，不能忍受较长时间的水分不足，是抗旱能力最低的陆生植物。

3.2 适生区（Suitable Geo-distribution Areas）

在自然条件下，能够满足一个物种生长、繁殖并可维持一定种群规模的生态区域，包括物种的发生区及潜在发生区（潜在分布区域）。

3.3 调查点（Survey Spot）

为了解水生外来入侵杂草的分布、发生、危害、扩散等情况在普查单元内设置的所有观测和调查样地的统称。

3.4 盖度（Coverage）

单位面积内水生植物水上部分投影面积占水面面积的比率。

3.5 频度（Frequency）

某种水生植物在样地内全部样方（样点）中出现的百分率。

3.6 优势种（Dominant Species）

对群落结构和群落环境形成具有明显控制作用的水生植物，通常是个体数量多、盖度大、生物量高并且生命力强的植物种类。

3.7 富营养化（Eutrophication）

水体接纳过量的氮、磷等营养物质，水体透明度和溶解氧发生变化，造成水体水质恶化，加速水体的老化，从而使水生生态系统和水功能受到破坏。

3.8 生物量（Biomass）

单位面积内所有植物的总质量。

4 调查区的确定

行政区域内调查对象的适生区确定为调查区。

以县级行政区作为适生区划分的基本单位。

县级行政区域内有调查对象发生，无论发生面积大或小，该区域即为调查对象发生区。

5 发生区的调查

5.1 调查点的确定

在调查对象发生的县级的行政区域内，根据前期踏查结果确定 3 个以上行政村作为调查点。若发生区数量不足选取标准的，全部选取。

5.2 调查内容

主要调查内容包括水生外来入侵杂草的种类、发生盖度（或频度）、发生面积、生物量、水域生境、种群动态影响和经济危害等指标。

5.3 调查时间和频率

在调查对象进入营养生长期或花蕾期时进行调查，调查频率每年应 ≥ 1 次。

5.4 调查仪器和工具

人工调查：数码相机或数字摄像机、专业全球定位系统或定位仪、恒温干燥箱、电子天平、便携式水质分析仪、便携式流量计、温度计、透明度盘、测深杆、测高仪和测距仪等。

无人机调查：无人监测机等高光谱信息采集系统。

5.5 调查方法

分为人工调查和无人机调查 2 种方法，人工调查可采用样方法或样线法完成。调查时间、调查频率和调查方法确定后，在此后的调查中不宜更改。

5.5.1 样方法

该方法多用于发生面积较大的水域，如湖泊、大型水库等生境。

（1）在调查点选取 1~3 个发生的典型生境设置样地，在每个样地内设置的样方数量应≥5 个。

（2）根据水生植物在样地分布情况确定取样方法，常规取样方法见附录 A。

（3）如发生在一些较难调查的水域生境，可适当减少样方数，但样方数量应≥3 个。

（4）每个样方之间的距离应≥5 m。

（5）样方规格为 0.25 m² （50 cm×50 cm） 或 1 m² （100 cm×100 cm），为正方形样方。

（6）对样方内的所有植物种类、数量及盖度进行调查。

（7）种群调查数据按附录 B 给出的表格记录和汇总。

5.5.2 样线法

该方法多用于发生面积较小的水域，如水田、池塘、沟渠等生境。

（1）在调查点选取 1~3 个发生的典型生境设置样地。

（2）根据生境类型的实际情况设置样线，常见生境样线的选取方案参见附录 C。

（3）每条样线选 50 个等距样点。

（4）以样点为中心半径 5~15 cm 的植物为该样点的样本植物，可根据沉水植物、漂浮植物、浮叶植物、挺水植物、湿生植物的生长特点确定样点半径。

（5）对记录样点内植物种类、株数、频度进行调查。

（6）种群调查数据按附录 D 给出的表格记录和汇总。

5.5.3 无人机调查法

对于分布面积较大的水生入侵杂草，可在入侵杂草生长周期的合适时间节点（如花期、果期等）采用无人机进行调查。

利用无人监测机等高光谱信息采集系统，沿调查区域上空飞行，采集地面植被信息，根据视觉光谱特征分析获得入侵杂草的发生地点、发生面积、群落密度等数据，并自动生成可视化外来入侵杂草分布图。该图包含入侵杂草的发生地点、发生面积、群落密度等信息，可在数据终端直接进行查看、处理、汇总及上传。

5.6 生境基线调查

（1）调查生境水体理化指标有水温、pH值、透明度、叶绿素、总氮、总磷和化学需氧量等，样品的采集、保存、检测和分析方法应符合 SC/T

9102.2 和 SC/T 9102.3 规定。

（2）根据透明度、叶绿素、总氮、总磷和化学需氧量指标参数，确定水体富营养化指数，水体富营养化指数计算方法见附录 E。

（3）底质类型分为淤泥、泥沙、细沙、黏土或粗沙等。

（4）水文状况分枯水期和丰水期。

（5）污染情况指调查生境内有无污染源。

（6）生境调查记录表见附录 F。

5.7　生物量测定

（1）根据植物在生境样地的分布特点，确定采样带和取样方法，样方规格为 1 m^2（100 cm×100 cm）正方形样方框，样方数量应≥3 个，样方之间距离应≥5 m。

（2）挺水植物、湿生植物，从植物基部割取样方内全部植物，分类，去除枯枝、败叶、杂质，洗净，去除植物多余的水分，对样方内的目标调查植物进行称重，得到调查植物的鲜重。

（3）沉水植物、漂浮植物、浮叶植物，运用水草定量夹收取样方内所有植物，分类，去除杂质、洗净，去除多余水分，对样方内的目标调查植物进行称重，得到调查植物的鲜重。

（4）对样方内收取的鲜重样品抽取子样品，子样品不得小于样品量的10%，对子样品进行称重、编号后，置于 105℃鼓风干燥箱中干燥 48 h 或直到恒重，取出，称干重。

（5）根据子样品的干重、鲜重计算样品的干重，计算方法见附录 G。

（6）生物量测定指标记录表见附表 G。

5.8　危害等级划分

1 级：轻度发生，0＜盖度≤5%。

2 级：中度发生，5%＜盖度≤20%。

3 级：重度发生，20%＜盖度。

盖度计算方式见附录 H。

5.9　发生面积

对发生在水田、小型水库、池塘、沟渠等具有明显边界生境内的水生外来入侵杂草，其发生面积以相应生境的面积累加，或划定包含所有发生点的区域，以整个区域的面积进行计算。

对发生在江、河沿线等生境的水生外来入侵杂草，可持定位仪器沿其分布边缘走完一个闭合轨迹，定位仪器计算出的面积作为其发生面积，其中，江、河的河堤的面积也计入其发生面积，也可使用无人机航拍获取其发生面积，发生点间距小于 1 km 视为一个发生区。

若发生地地理环境复杂，不利不便或无法实地调查或使用定位仪测算面积，可通过无人机搭载高光谱信息采集系统低空航拍，自动获取其发生面积。或通过咨询当地国土资源部门（或测绘部门）获取面积。

调查的结果按附录 H 的要求记录。

5.10　群落动态影响

对于水生外来入侵杂草的群落特征的多样性指标调查应符合 HJ/T 710.12 的相关规定。群落动态影响评价中重要值、生物多样性指数等指标的计算方法见附录 I。

附录 A　水域样地调查取样方法

随机取样：可根据随机数字，在两条相互垂直的轴上成对地取样。或通过罗盘在任意几个方向上，分别以随机步程法取样。随机数字可以用抽签、纸牌、随机数字表等获得。

规则取样：又叫系统取样，可使用对角线取样、方格法取样、梅花形取样、"S"形取样等，使样方以相等的间隔分布于样地内，或在样地内设置若干等距离的直线，以相等的间距在直线上选取样方。

限定随机取样：以规则取样的方法，将样地划分为若干个较小的区域，然后在每个划分的小区域内随机选取样方。

代表性样方取样：主观地将样方设置在认为有代表性的和某些特殊的区域。

附录 B 样方法种群调查

附表 B1 水生外来入侵杂草及其伴生植物群落样方法调查记录表

基础信息					
调查日期：_____ 调查对象：_____ 生育期：□营养生长期 □花蕾期_____					
类型：□漂浮植物□沉水植物□浮叶植物□挺水植物□湿生植物 经纬度：东经____ 北纬____					
调查点位置：____省____市____县____乡（镇）/街道_____村					
海拔：____（m）生境类型：____样地大小：____（m²） 样地编号：_____					
调查人：____职务/职称：____ 工作单位：_____					
联系方式：固定电话_____ 移动电话_____ 电子邮件_____ 微信号_____					
群落调查记录表（样方法）					
样方序号	入侵杂草序号	入侵杂草名称	株数	盖度/%	优势种
1	1				
	2				
	……				
2	1				
	2				
	……				
……	1				
	2				
	……				
n	1				
	2				
	……				

注：1. 入侵杂草名称：指调查得到的入侵杂草种类中文名和拉丁名。

2. 株数：指单个样点内入侵杂草的植株数量。

3. 盖度：指调查后计算得到的入侵杂草实际覆盖面积占调查面积的比例。

附表 B2　水生外来入侵杂草种群样方法调查结果汇总表

基础信息				
汇总日期：　　　　　　　调查对象：　　　　　　　　生育期：□营养期　□花蕾期				
植物类型：□漂浮植物　□沉水植物　□浮叶植物　□挺水植物　□湿生植物				
汇总人：　　　　　　职务/职称：　　　　　　　工作单位：				
联系方式：固定电话　　　　移动电话　　　　电子邮件　　　　微信号				

群落调查数据汇总表（样方法）				
入侵杂草序号	入侵杂草名称	样地内的株数	出现的样方数	平均盖度/%	优势种
1					
2					
3					
……					

注：1. 入侵杂草名称：指调查得到的入侵杂草种类中文名和拉丁名。

　　2. 株数：指单个样点内入侵杂草的植株数量。

　　3. 平均盖度：指调查后计算得到的入侵杂草在各样方实际覆盖面积占调查面积比例的平均值。

　　4. 优势种：指入侵杂草中数量最多、覆盖面积最大的物种。

附录 C　不同生境样线法调查方案

附表 C　样线法中不同生境中的样线选取方案

生境类型	样线选取方法	样线长度/m	点距/m	样点半径 R/cm
水田	对角线、曲线	50~100	1~2	5~10
江、河	沿两岸各取 1 条（可为曲线）	50~100	1~2	5~10
河道	沿两岸各取 1 条（可为曲线）	50~100	1~2	5~10
沟渠	沿两岸各取 1 条（可为曲线）	50~100	1~2	5~10
湖泊	对角线，取对角线不便或无法实现时可使用 "S" 形、"V" 形、"N" 形或 "W" 形曲线	50~100	1~2	5~10
水库	对角线，取对角线不便或无法实现时可使用 "S" 形、"V" 形、"N" 形或 "W" 形曲线	50~100	1~2	5~10
池塘	对角线，取对角线不便或无法实现时可使用 "S" 形、"V" 形、"N" 形或 "W" 形曲线	50~100	1~2	5~10

附录 D　样线法种群调查

附表 D1　水生外来入侵杂草种群样线法调查记录表

基础信息								
调查日期：_____　　调查对象：_____　　生育期：□营养期　□花蕾期								
类型：□漂浮植物　□沉水植物　□浮叶植物　□挺水植物　□湿生植物　海拔：_____（m）								
调查点位置：_____省_____市_____县_____乡（镇）/街道_____村								
经纬度：东经_____北纬_____生境类型：_____样地大小：_____（m²）样地编号：_____								
调查人：_____职务/职称：_____工作单位：_____								
联系方式：固定电话_____移动电话_____电子邮件_____微信号_____								
群落调查记录表（样线法）								
样点序号	入侵杂草名称 I	株数	入侵杂草名称 II	株数	入侵杂草名称III	株数	……	
1								
2								
3								
……								

注：1. 入侵杂草名称：指调查得到的入侵杂草种类中文名和拉丁名。

　　2. 株数：指单个样点内入侵杂草的植株数量。

附表 D2　水生外来入侵杂草群落样线法调查结果汇总表

基础信息				
汇总日期：_____　　调查对象：_____　　生育期：□营养期　□花蕾期				
类型：□漂浮植物　□沉水植物　□浮叶植物　□挺水植物　□湿生植物				
汇总人：_____职务/职称：_____工作单位：_____				
联系方式：固定电话_____移动电话_____电子邮件_____微信号_____				
群落调查数据汇总表（样线法）				
植物种类序号	入侵杂草名称	株数	频度	优势种
1				
2				
3				
……				

注：1. 入侵杂草名称：指调查得到的入侵杂草种类中文名和拉丁名。

　　2. 株数：指单个样点内入侵杂草的植株数量。

　　3. 频度：指调查后计算得到的入侵杂草株数占总调查株数的比值。

　　4. 优势种：指入侵杂草中数量最多、覆盖面积最大的物种。

附录 E 水体富营养化等级指数

水体富营养化评分值计算公式如下。

$$G = \frac{1}{n} \sum_{i=1}^{n} G_i \qquad \text{（附录 E 公式 1）}$$

式中：G——水域富营养化评分值；G_i——第 i 项评价参数的评分值；n——评价参数的个数。

附表 E 水域富营养化评分与分级

营养程度	评分值	参数				
		叶绿素/（mg/m³）	总磷/（mg/m³）	总氮/（mg/m³）	化学需氧量/（mg/L）	透明度/m
贫营养	10	0.5	1.0	20	0.15	10.00
	20	1.0	4.0	50	0.40	5.00
中营养	30	2.0	10.0	100	1.00	3.00
	40	4.0	25.0	300	2.00	1.50
	50	10.0	50.0	500	4.00	1.00
富营养	60	26.0	100.0	1 000	8.00	0.50
	70	64.0	200.0	2 000	10.00	0.40
	80	160.0	600.0	6 000	25.00	0.30
	90	400.0	900.0	9 000	40.00	0.20
	100	1 000.0	1 300.0	16 000	60.00	0.12

附录 F 样地生境调查

附表 F 水生外来入侵杂草样地生境要素记录表

基础信息			

调查日期：_____ 样地序号：_____
生境类型：_____ 样地大小：_____（m²） 经纬度：东经____北纬____
调查点位置：____省____市____县____乡（镇）/街道_____村
调查人：____职务/职称：____工作单位：_____
联系方式：固定电话____移动电话____电子邮件____微信号____

样地生境调查表						
海拔/m		水温/℃		水深/m		水流速度/（m/s）
水体 pH 值		底泥 pH 值		盐度/（mg/L）		透明度/m
总氮/（mg/L）		总磷/（mg/L）			化学需氧量/（mg/L）	
叶绿素/（mg/m³）		富营养化		□贫营养 □中营养 □富营养		
水文	□丰水期 □枯水期		水域基质			
污染情况			生境数字相片编号			

注：1. 富营养化：指贫营养、中营养、富营养，计算方法见附录公式 E。

    2. 水域基质：底质类型分为淤泥、泥沙、细沙、黏土或粗沙。

    3. 污染情况：指有无污染源。

附录 G 生物量调查

水生外来入侵杂草生物量计量方法如下。

生物量测定：对样方内的全部水生植物进行采样，分类，称重得到其鲜重。再对鲜重样品取出部分子样品（取样量不少于 10%），电烘箱 105℃烘干 48 h 或至恒重，得出其生物量干重。

$$M = M_1 \times \frac{M_2}{M_3} \qquad （附录 G 公式 1）$$

式中：M——样品干重，g；M_1——样品鲜重，g；M_2——子样品干重，g；M_3——子样品鲜重，g。

附表 G 水生外来入侵杂草生物量记录表

基础信息			
调查日期：_____ 调查对象：_____ 生育期：□营养期 □花蕾期 类型：□漂浮植物□沉水植物□浮叶植物□挺水植物□湿生植物 经纬度：东经____ 北纬 调查点位置：_____省_____市_____县_____乡（镇）/街道_____村 生境类型：_____ 样地大小：_____（m²）样地序号：_____ 调查人：_____职务/职称：_____工作单位：_____ 联系方式：固定电话_____移动电话_____电子邮件_____微信号_____			
生物量调查表			
鲜重 1	干重 01	子样品鲜重 1	子样品干重 01
鲜重 2	干重 02	子样品鲜重 2	子样品干重 02
鲜重 3	干重 03	子样品鲜重 3	子样品干重 03
……	……	……	……
单位面积植物鲜重/（g/m²）		单位面积植物鲜重/（g/m²）	

附录 H 发生面积调查

附表 H 水生外来入侵杂草发生面积记录表

基础信息
调查日期：_____ 调查对象：_____ 生育期：□营养期 □花蕾期   类型：□漂浮植物□沉水植物□浮叶植物□挺水植物□湿生植物 经纬度：东经____ 北纬   调查点位置：_____省_____市_____县_____乡（镇）/街道_____村   调查人：_____职务/职称：_____工作单位：_____   联系方式：固定电话_____移动电话_____电子邮件_____微信号_____

续表

发生面积						
发生生境类型	发生面积/hm²	入侵杂草	危害对象	危害方式	危害程度	经济损失/元
......			.			
合计						

注：1. 生境类型：指发生的生境特征，如水田、沟渠、水库及鱼塘等。

2. 发生面积：指经过调查后计算出的入侵杂草实际覆盖面积。

3. 入侵杂草：主要入侵杂草种类名称。

4. 危害对象：指发生地的主要本土植物或水生动物。

5. 危害方式：指挤占生境、降低产量、危害人畜健康等。

6. 危害程度：样地（或生境）盖度/频度的汇总，为平均盖度/频度。危害程度分为轻度危害，盖度<5%；中度危害，盖度5%~20%；重度危害，盖度>20%，具体计算公式如下。

$$\overline{X} = \frac{\sum X_i W_i}{\sum W_i} \qquad \text{（附录 H 公式 1）}$$

式中：$\overline{X}$——平均盖度/频度；X_i——样地（或生境）i 入侵物种的盖度/频度；W_i——样地（或生境）i 的面积。

7. 经济损失计算方法见《外来入侵杂草经济影响评估技术规范》。

附录 I 种群和群落指标计算方法

I.1 重要值计算方法

$$IV = (RC + RF + RD)/3 \qquad \text{（附录 I 公式 1）}$$

$$RC(\%) = \frac{C_i}{\sum C_i} \times 100 \qquad \text{（附录 I 公式 2）}$$

$$RF(\%) = \frac{F_i}{\sum F_i} \times 100 \qquad \text{（附录 I 公式 3）}$$

$$RD(\%) = \frac{D_i}{\sum D_i} \times 100 \qquad \text{（附录 I 公式 4）}$$

式中：RC——相对盖度；RF——相对频度；RD——相对密度；C_i——样方中第 i 种植物的盖度；$\sum C_i$——样方中所有植物的盖度之和；F_i——第 i 种植物的频度；$\sum F_i$——所有植物的总频度；D_i——第 i 种植物的密度；$\sum D_i$——所有植物的总密度。

I.2 群落指标计算方法

Patrick 丰富度指数：

$$A_{\mathrm{p}} = S \qquad\qquad \text{（附录 I 公式 5）}$$

Margalef 丰富度指数：

$$A_{\mathrm{m}} = (S-1)\,/\ln N \qquad\qquad \text{（附录 I 公式 6）}$$

Shannon-Wiene 多样性指数：

$$H' = -\sum_{i=1}^{s}\left(\frac{N_i}{N}\ln\frac{N_i}{N}\right) \qquad\qquad \text{（附录 I 公式 7）}$$

Simpson 多样性指数：

$$DS = 1 - \sum_{i=1}^{s}\left(\frac{N_i}{N}\right)^2 \qquad\qquad \text{（附录 I 公式 8）}$$

Pielou 均匀度指数：

$$J = H'/\ln S \qquad\qquad \text{（附录 I 公式 9）}$$

Alatalo 均匀度指数：

$$E_{\mathrm{a}} = (DS^{-1} - 1)/(e^{H'} - 1) \qquad\qquad \text{（附录 I 公式 10）}$$

式中：S——所有样方的植物种类总数；N_i——第 i 种植物在所有样方内的个体总数；N——所有样方中的植物个体总数；e=2.718 28……。

（引自：NY/T 1861）

外来入侵杂草无人机调查技术方案

1 范围

本技术规程规定了利用无人机对外来入侵杂草进行精确调查的技术和方法。

本技术规程适用于农田、湿地、草地和水域等生境外来入侵杂草进行精准调查。

2 规范性引用文件

GB/T 14950《摄影测量与遥感术语》。

MH/T 1069《无人驾驶航空器系统作业飞行技术规范》。

CH/Z 3001《无人机航摄安全作业基本要求》。

T/ CCAATB—0001《民用机场无人驾驶航空器系统监测系统通用技术要求》。

MD—TM—2016—004《民用无人驾驶航空器系统空中交通管理办法》。

AC—61—FS—2018—20R2《民用无人机驾驶员管理规定》。

3 术语定义

3.1 无人机低空遥感（UAV Low-altitude Remote Sensing）

通过无人机搭载不同类型的传感器，飞行垂直高度≤120 m，结合遥感技术快速获取地物信息的方法。

3.2 精准监测（Accurate Monitoring）

通过无人机搭载光学成像设备，获取监测区域内外来入侵杂草的空间位置和种类等信息。

4　总体流程

总体流程包括无人机对入侵杂草调查、调查数据的上传/下载、云端服务器调查数据的处理分析、利用识别模型识别和生成调查图等（附图 A）。

5　精准调查

5.1　调查数据采集

5.1.1　无人机性能

用于调查的无人机除应符合 T/CCAATB—0001 的相关规定，还应符合下列要求。

（1）工作环境温度：0~40℃。

（2）最大上升速度≥5 m/s。

（3）最大下降速度≤3 m/s。

（4）最大水平飞行距离≥50 km/h。

（5）最大搭载重量应≥1 000 g。

（6）遥控器控制距离应≥5 000 m。

（7）飞行续航时间应≥15 min/次。

（8）最大抗风等级≥4 级。

（9）建议使用≥4 个旋翼的无人机。

5.1.2　成像设备

无人机搭载的成像传感器参考以下技术参数。

（1）蓝光：中心波长 450~475 nm，光谱带宽 20~40 nm。

（2）绿光：中心波长 550~570 nm，光谱带宽 20~40 nm。

（3）红光：中心波长 660~670 nm，光谱带宽 10~40 nm。

（4）红边光：中心波长 720~740 nm，光谱带宽 10~20 nm。

（5）近红外光：中心波长 790~840 nm，光谱带宽 20~40 nm。

（6）光感传感器应有自行校准功能。

（7）视场角：50°~75°。

（8）总像素≥2×10^6 pixel。

（9）工作环境温度：-10~40℃。

5.1.3 无人机飞行条件

（1）环境要求。

①作业环境应符合 MH/T 1069 的相关规定。

②作业时应遵守 MD—TM—2016—004 的相关规定。

③作业环境应避让斜拉索等。

④作业区域应选择开阔环境，远离人群和畜群，周围无高大建筑物，避免 GNSS 信号遮挡。

⑤作业区域及附近应避开高压线、通信基站或发射塔等，避免电磁干扰。

⑥作业区域周围应远离机场、军警单位或其他航空管制区域。

（2）飞行要求。

①雪天、雨天或雾天（可见距离≤800 m）不宜飞行。

②空气湿度≥90%或风速≥5 m/s 时，不宜飞行。

③海拔＜4 000 m。

④地形坡度应≤45°。

5.1.4 调查数据采集

（1）进行数据采集时应遵守 CH/Z 3001 的相关规定。

（2）无人机操作人员应遵守 AC—61—FS—2018—20R2 的相关规定。

（3）选择在调查对象最容易被发现的生育期（如营养生长期、花期）进行调查。

（4）空间分辨率≤25 cm/pixel。

（5）航线间重叠率≥60%。

（6）航线方向重叠率≥60%。

5.2 数据传输

（1）监测数据传输须在传输有效期内完成。

（2）传输有效期的计算方法见附录 B。

（3）传输有效期应≤5 h。

5.3　数据处理与识别

5.3.1　光谱数据库及服务系统的建立

采集入侵杂草不同生育期（苗期、营养生长期、花期和果实期）的光谱数据，建立入侵杂草全生育期光谱图像数据库，搭建数据服务系统。数据服务系统架构见附录 C。

5.3.2　数据处理与识别

对监测调查数据进行影像拼接、校正、转换及裁剪等处理，利用识别模型（人工智能），结合全生育期光谱数据库服务系统进行精准识别。

5.4　调查结果

自动生成入侵杂草的调查矢量图，同时生成统计调查报表（附录 D1），包括：调查面积、物种名称、发生面积、发生斑块数和发生程度（%）等。

发生斑块示意图见附录 D2。

调查面积和发生面积的计算方法见附录 D3。

5.5　识别精准度评价

（1）利用召回率（R，Recall）评价对调查对象识别的准确度。

（2）利用虚警率（False）评价对调查对象在所识别目标中错误目标的比例。

（3）召回率应控制在85%以上，虚警率应控制在5%以下。

（4）计算公式见附录 E。

附录 A　总体流程图

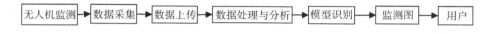

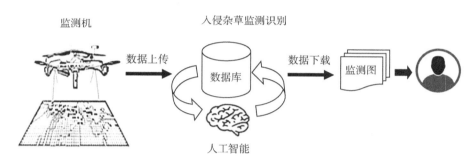

附图 A　外来入侵杂草精准调查总体流程图

附录 B　数据传输

数据有效期计算公式如下。

$$T_{\text{indate}} = T_0 + T_{\text{transmit}} + T_{\text{analysis}} + T_{\text{spray}} \qquad (\text{附录 B 公式 1})$$

式中：T_{indate}——数据有效期；T_0——数据采集完毕时点；T_{transmit}——数据传输时长；T_{analysis}——数据分析时长；T_{spray}——调派植保无人机执行施药时长。

附录 C　数据库服务系统架构

外来入侵杂草全生育期数据库服务系统架构如图 C 所示。

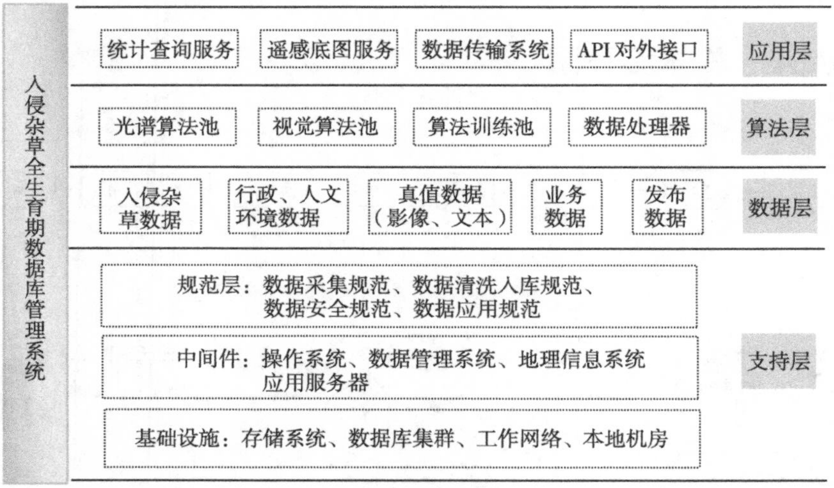

图 C　外来入侵杂草全生育期数据服务系统架构

附录 D　外来入侵杂草调查数据及计算方法

附录 D1　入侵杂草调查数据表

附表 D　入侵杂草调查数据表

基础信息

调查时间：_____年_____月_____日　　报表编号：_____

调查点位置：_____省_____市（盟）_____县（市、区、旗）_____乡（镇）/街道_____村

经纬度：东经_____　北纬_____　　海拔：_____（m）

调查单位：_____　调查人：_____　职务/职称：_____

电　话：_____　微信号：_____　电子邮件：_____

生境类型	调查总面积	物种名称	发生面积	发生斑块数	危害程度	备注

续表

生境类型	调查总面积	物种名称	发生面积	发生斑块数	危害程度	备注
合计						

注：1. 生境类型：指发生的生境特征，如农田、果园、林地或草地等。

2. 调查总面积：指无人机飞过的有效覆盖面积。

3. 发生面积：指无人机调查后计算出的入侵杂草发生的实际面积。

4. 发生斑块数：指无人机调查后计算得到的入侵杂草总斑块数量。

5. 危害程度：轻度危害，盖度<5%；中度危害，盖度5%~20%；重度危害，盖度>20%。

6. 备注：物种排查名单外的物种，需要注明"名单外"。

附录 D2　斑块

斑块是指在监测区内，外来入侵杂草发生相对均质的非线性区域。发生斑块示意图见附图 D。

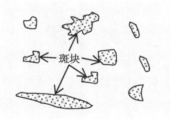

附图 D　发生斑块示意图

附录 D3　调查面积、发生面积计算方法

$$S_{调查}=调查图总像素×像素点面积$$
$$S_{斑块}=斑块总像素×像素点面积$$
$$S_{发生}=S_{斑块1}+S_{斑块2}+S_{斑块3}+\cdots\cdots+S_{斑块n}$$

注：像素点面积由无人机调查时设定的空间分辨率确定。　　　　（附录 D 公式 1）

附录 E 识别精准度评价

召回率计算公式如下。

$$R（\%）= \frac{TP}{TP+FN}×100 \qquad （附录 E 公式 1）$$

虚警率计算公式如下。

$$False（\%）= \frac{FP}{TP+FP}×100 \qquad （附录 E 公式 2）$$

式中：R——召回率；$False$——虚警率；TP——被正确识别的目标数目；FN——被识别为非目标的目标数目；FP——被识别为目标的非目标数目。

外来入侵杂草环境 DNA 调查技术方案

1 范围

本技术方案规定了利用环境 DNA 技术对外来入侵杂草进行早期监测和调查的技术和方法。

本技术方案适用于对环境中的外来入侵杂草进行早期分子生物学调查、监测。

2 规范性引用文件

SN/T 4876.8—2020《DNA 条形码方法 第 8 部分：菟丝子属》。

SN/T 4625—2016《DNA 条形码筛选与质量要求》。

SN/T 4714—2016《DNA 条形码数据库技术规范》。

3 术语定义

3.1 环境 DNA（Environmental DNA，eDNA）

环境样品中所有被发现的不同生物的基因组脱氧核糖核酸（DNA）的混合。

3.2 测序（Sequencing）

利用试剂检测、仪器测试等手段，对生物的基因序列进行判断的一种方法。

3.3 DNA 条形码（DNA Barcode）

生物体内能够代表该物种的、标准的、有足够变异的、易扩增且相对较短的 DNA 片段。

3.4 核酸提取试剂盒 (Nucleic Acid Extraction Kit)

用于盛放全套核酸检测提取的化学试剂的盒子，可方便快速提取土壤或水体中的 DNA。

3.5 沉淀法 (Precipitation Method)

利用醋酸钠或无水乙醇等试剂，将水体中溶解的 DNA 沉淀出来，并通过离心等手段进行收集，以用于环境 DNA 检测。

3.6 滤膜法 (Membrane Filtration)

利用硝酸纤维素或玻璃纤维素无菌滤膜过滤水体样本，将水体中的环境 DNA 截留富集在滤膜上，以用于环境 DNA 检测。

3.7 聚合酶链式反应 (Polymerase Chain Reaction，PCR)

用于放大扩增特定的 DNA 片段的分子生物学技术，能将微量的 DNA 大幅增加。这种技术利用 DNA 在体外 95℃高温时变性会变成单链，低温（经常是 60℃左右）时引物与单链又会按碱基互补配对的原则进行设计，不断通过变性、复性与延伸，对目标 DNA 片段不断进行复制扩增。

4 环境 DNA 样品的采集

4.1 样品采集地点

外来入侵杂草发生的生境均可作为环境 DNA 样品的采集地点，包括农田、林地、草地、河流、湖泊、池塘、沟渠或荒地等生境，采集目标生境地点的土壤和水体样本，样本采集信息记录于附表 A1 中。

4.2 样品采集方法

土壤样本采集：对于陆生型外来入侵杂草，选择能够代表研究区域生物多样性的地点，采集土壤样本。利用土钻、铁铲等工具，随机性的采集不同深度的土壤样品（一般选择 1~2 cm、3~5 cm、6~10 cm 3 个梯度），每个土壤样本的重量不少于 20 g，每个采样地点至少收集 5 个重复，装于干燥自封袋中，避光带回实验室，置于−20℃冰箱保存。

水样采集：对于水生型外来入侵杂草，选择河流水流较缓的地段，或者水库、湖泊的进水口和出水口作为采集地点。利用无菌试管、容量瓶等工具，随机选取水面下 5~10 cm 深度采集水样，每个水样不少于 1 L，每个采集地点至少收集 5 个重复，避光带回实验室，置于–20℃冰箱保存。

5 样品中环境 DNA 的提取

采用水样或土壤专用 DNA 提取试剂盒，提取样品中的环境总 DNA。水样中的环境 DNA 需要先通过沉淀法或滤膜法收集后，再采用试剂盒进行提取。

试剂盒提取环境 DNA 的一般步骤为样品预处理、细胞裂解破碎、DNA 分离纯化和 DNA 洗脱收集等步骤。

提取结束后，应采用琼脂糖凝胶电泳或紫外分光光度法对 DNA 定量检测，检验提取得到的环境 DNA 浓度和纯度是否达到测序要求，对于达到要求的 DNA 样本，应添加试剂盒中的 DNA 储存溶液后，放置于–20℃ 或 –70℃冰箱保存、备用。

6 环境 DNA 测序

6.1 引物设计

要根据外来入侵杂草基因组 DNA 序列的保守区设计引物，一般采用植物基因组或叶绿体、线粒体 DNA 中较为保守的基因序列为模板设计特异性引物，用来扩增得到易于测序分析的基因片段，可根据不同需要对同一反应设计 1 条或几条引物。常见的用来设计引物的基因有 *psbA-trnH*、*ropB*、*rbcL*、*rpoC*、*ITS* 及 *matK* 等。引物设计的 10 项原则。

原则 1，引物应用核酸序列保守区内设计并具有特异性。

原则 2，产物不能形成二级结构。

原则 3，引物长度一般为 15~30 bp。

原则 4，G+C 含量为 40%~60%。

原则 5，碱基要随机分布。

原则 6，引物自身不能有连续 4 个碱基的互补。

原则 7，引物之间不能有连续 4 个碱基的互补。

原则 8，引物 5′端可以修饰。

原则 9，引物 3′端不可修饰。

原则 10，引物 3′端要避开密码子的第 3 位。

6.2　PCR 扩增

6.2.1　扩增体系

PCR 扩增体系包括 25 μL、50 μL、100 μL 等多种不同的体积。体系内一般包含 dNTP、引物、模板 DNA、Taq DNA 聚合酶以及含有 Mg^{2+} 的 Tris-HCl 缓冲液。

1 种 100 μL 体系的配比：10×扩增缓冲液 10 μL；4 种 dNTP 混合物各 200 μmol/L；引物各 10～100 pmol；模板 DNA 0.1～2 μg；Taq DNA 聚合酶 2.5 U；Mg^{2+} 1.5 mmol/L；加双蒸水至 100 μL。

6.2.2　反应条件

PCR 扩增过程由"高温变性—低温退火—引物延伸"3 步反应的多次循环组成。每一循环经过变性、退火和延伸，DNA 含量即增加一倍。

变性温度为 95℃，时间不超过 30 s；退火温度在 45～55℃，时间在 30 s；延伸温度为 72℃，延伸时间根据扩增片段的长度设定为 1 min/kbp。循环数设定为 25～35 个，循环过多易产生非特异扩增。在最后 1 个循环后，设定反应在 72℃维持 10～30 min。使引物延伸完全，并使单链产物退火成双链，最后进入 4℃保存状态。

6.3　测序

由于环境 DNA 扩增产物数量较多且种类较为复杂，采用高通量测序的方法对环境 DNA 的扩增产物进行测序，获得全部基因序列信息。

高通量测序的流程包括以下几步。

（1）PCR 产物检测。利用琼脂糖凝胶电泳或荧光定量系统，对 PCR 扩增产物进行检测，对达到上机条件的样品，按照每个样本的测序量要求，进行相应比例的混合。

（2）测序文库的构建。将 DNA 随机片段转化成几百碱基或更短的小片段，并在两头加上特定的接头；筛选去除接头自连片段；利用 PCR 扩增进行文库模板的富集；变性产生单链 DNA 片段。

（3）上机测序。目前常见的测序平台，以 Illumina MiSeq 为例，上机测序的主要步骤如下。

①DNA 片段的一端与引物碱基互补，固定在芯片上；

②另一端随机与附近的另外 1 个引物互补，也被固定住，形成"桥"；

③PCR 扩增，产生 DNA 簇；

④DNA 扩增子线性化成为单链；

⑤加入改造过的 DNA 聚合酶和带有 4 种荧光标记的 dNTP，每次循环只合成 1 个碱基；

⑥用激光扫描反应板表面，读取每条模板序列第 1 轮反应所聚合上去的核苷酸种类；

⑦将"荧光基团"和"终止基团"化学切割，恢复 3′端黏性，继续聚合第 2 个核苷酸；

⑧统计每轮收集到的荧光信号结果，获知模板 DNA 片段的序列。

6.4　生物信息学分析

高通量测序结果首先通过质控，去除掉非特异性扩增片段、高重复片段及模糊序列，并进一步去除嵌合体、过短序列后得到干净的、可用于分析的优质序列。

根据相似度对获得的序列进行归类，获得 OTUs。每个 OTU 包含 1 个物种的信息。

通过数据库比对获得每个 OTU 对应的物种种类。

对所获得信息进行后续分析，物种多样性、物种丰富度、系统进化树分析等，可获得环境 DNA 中包含的主要外来入侵杂草种类和分布信息。相关信息记录于附表 A2。

7　注意事项

采集环境 DNA 样本时，采集人应提前了解采样地点的环境、交通等情况，做好个人防护，制定安全保障措施。

采集的环境 DNA 样本应尽快按照要求分装、运输，并储存在规定的条件下，防止样品中的 DNA 因环境条件变化而降解或破坏。

引物合成、PCR 扩增、高通量测序等环节可委托市场专业机构人员完成。

附录 A 外来入侵杂草环境 DNA 调查采样及信息分析

附表 A1 外来入侵杂草环境 DNA 调查采样记录表

调查地区	省（区、市）　　市（地、州、盟）　　县（区、市、旗）					
调查地点	乡（镇）　　村					
调查点主要生态系统类型	农田□　果园□　森林□（自然林□　人造林□）　荒地□　河流□　湖泊□　公路边□　水库□　车站□　码头□　机场□　货物集散地□　其他：					
调查地点信息	经度：　　　　纬度：　　　　海拔：					
样品类型	水样□　　土样□					
样品编号	1	2	3	4	5	……
样品体积/L（水）或重量/g（土）						
样品储存地点						
样品储存温度/℃						
拟从调查地点筛选的目标物种						
样品采集图片（图片范围应包含采集地点周边生境）	样品1			样品2		
	样品3			样品4		
	样品5			…		
调查、记录人：			调查日期：　　年　　月　　日			
审核人：			审核日期：　　年　　月　　日			

注：本表由各级部门调查人员或专业技术人员根据外来入侵杂草环境 DNA 调查采样情况填报。

1. 调查点主要生态系统类型：依据标准地所属的生态系统类型，选填"农田、果园、森林（自然林、人造林）、荒地、河流、湖泊、公路边、水库、车站、码头、机场、货物集散地或其他"等。

2. 调查地点信息：填写经度、纬度和海拔，经度格式为 DDD°FF′MM.M″E，其中"E"为"东经"的缩写，DDD 为度，FF 为分，MM.M 为秒；纬度格式为 DD°FF′MM.M″N，其中"N"为"北纬"的缩写，DD 为度，FF 为分，MM.M 为秒；海拔数据格式为保留 1 位小数的实数，单位为米（m）。

3. 样品类型：选择水样或者土样。

4. 样品体积/L 或重量/g：填写水样的体积或者土样的重量。

5. 样品储存地点：填写保存采集后样品的实验室的具体地点和名称。

6. 样品储存温度（℃）：填写-20℃或-70℃。

7. 拟获取的目标物种：指根据前期调研结果，拟从环境 DNA 中分析该调查地点是否存在的外来入侵杂草种类，可以有多种。

8. 样品采集图片：采集样品时应拍照保存，照片应包含采集地点的主要生境信息。

附表 A2　外来入侵杂草环境 DNA 信息分析表

调查地点	_____省（区、市）_____市（地、州、盟）_____县（区、市、旗）_____乡（镇）_____村					
样品类型	水样□　　　　土样□					
样品编号	1	2	3	4	5	……
样品测序方式						
委托测序机构						
测序目标基因						
引物长度/bp						
拟获取的目标物种	物种1					
	物种2					
	……					
目标物种是否存在	物种1 是/否					
	物种2 是/否					
	……					
目标物种生物学信息（选填）	物种1 丰富度、多样性指数等					
	……					
	……					
备注						
调查、记录人：			调查日期：	年	月	日
审核人：			审核日期：	年	月	日

注：本表由外来入侵杂草调查专业技术人员根据外来入侵杂草环境 DNA 生物信息学分析结果情况填报。

1. 调查地点：与附表 A1 相同。

2. 样品类型：选择水样或者土样。

3. 样品测序方式：选择高通量测序类型，如二代、三代等，有条件可以注明测序平台。

4. 委托测序机构：填写对样品进行高通量测序的机构名称。

5. 测序目标基因：填写用来合成引物的 DNA 条形码基因名称，如 18S、ITS 等。

6. 引物长度：填写所合成引物的碱基数，单位为 bp。

7. 拟获取的目标物种：指根据前期调研结果，拟从每个样本的环境 DNA 中分析其是否存在的外来入侵杂草种类，每个样品可有多个目标物种。

8. 目标物种是否存在：指根据高通量测序和生物学信息学分析结果，判断每个样本中是否有拟调查的目标入侵杂草的存在。

9. 目标物种生物学信息（选填）：如果生物信息学分析结果较为详尽，可填写目标物种的丰富度、多样性指数、分布规律等信息。

10. 备注：在样品测序和分析过程中出现的其他需要注明的问题，可填写在此处。

外来入侵杂草生态经济影响评估技术方案

1 范围

本技术方案规定了入侵杂草的生态经济影响评估的技术和方法。
本技术方案适用于对外来入侵杂草进行生态经济影响评估。

2 规范性引用文件

NY/T 1861—2010《外来草本植物普查技术规程》。
NY/T 3076—2017《外来入侵植物监测技术规程 大藻》。

3 术语定义

3.1 直接经济损失

外来入侵物种对国民经济各行业的经济活动以及对人类生命和健康产生的不利影响，而直接导致物品损毁或者实际价值减少、人类生命和健康受到的损害以及直接预防或保护支出的增加，即人类社会、组织团体、居民家庭或个人的各种既得经济利益或预期经济利益和生命健康的丧失。

3.2 间接经济损失

外来入侵杂草导致生态系统服务功能使用价值损失、物种多样性降低或物种灭绝、遗传多样性丧失而造成的非直接经济损失，也称生态损失。

4 生态经济损失评估的步骤

4.1 确定分析范围

外来入侵杂草对环境的影响是多方面的，通过筛选，确定要进行价值评估的部分，排除影响较小、难以定量化的部分。

4.2 分析环境影响

环境影响的识别、分析和定量化的表达是环境影响经济评价的重要步骤之一。主要任务是根据筛选的结果，针对每种影响建立起定量关系，并对结果进行汇总。

4.3 明确损害价值

通过货币化技术，将各种损害以货币形式表示，有利于从总体上把握环境损害的大小，同时也有利于进行经济分析和核算。

4.4 综合评价总的经济损失

对计算结果汇总并对结果进行分析。

5 评价方法

对于外来入侵杂草的生态经济损失评估主要分为客观评价和主观评价。客观评价主要有市场价值法、防护和恢复费用法。主观评价主要包括替代市场法和假想市场法，具体方法可分为机会成本法、人力资本法、旅行费用法和意愿调查法等。

5.1 市场价值法

也叫生产力变化法，是把生态环境质量看成一种生产要素，认为环境质量的变化是导致生产率和生产成本变化的一个因素，通过市场上观测到的产量和价格的变化，来度量生态环境损失大小的一种计量方法。

5.2 防护和恢复费用法

防护费用指个人为了消除或减少环境的有害影响而愿意承担的费用；恢复费用是指由于环境质量降低，使生产性资产受到损害时将其恢复所需的费用。

5.3 机会成本法

利用环境资源的机会成本来计算环境质量变化所造成的生态环境损失。

5.4 人力资本法

指用收入的损失去估价由于污染引起的过早死亡的成本。根据边际劳动生产力理论，人失去寿命或工作时间的价值等于这段时间中个人劳动的价值。一个人的劳动价值是考虑年龄、性别、教育程度等因素情况下，每个人的未来收入津贴现折算成的现值。

5.5 旅行费用法

主要评估通过旅行体现的一些生态系统服务，旅行的费用可以看作生态系统服务内在价值的体现。

5.6 意愿调查法

又称意愿调查价值评估法，是一种基于调查的评估非市场物品和服务价值的方法，利用调查问卷直接引导相关物品或服务的价值，所得到的价值依赖于构建（假想或模拟）市场和调查方案所描述的物品或服务的性质。

6 指标体系构建

6.1 构建原则

6.1.1 科学性原则

指标的选取应建立在对外来入侵杂草造成的生态经济损失各个方面充分认识、深入研究的基础上。选取的指标应目的明确、定义准确，能客观、真实地反映入侵杂草的实际危害特征及对生态系统造成的影响。

6.1.2 代表性原则

选择指标时，应选取能直接反映外来入侵杂草造成危害的指标，排除一些与主要特征关系不密切的从属指标，使指标体系具有较高的代表性。

6.1.3 实用性原则

包括4层含义：一是所选指标的数据容易采集；二是便于更新；三是指标体系简明，综合性强；四是指标体系的应用具有较强的可操作性。

6.2 指标体系的构建

根据陆生和水生外来入侵杂草的生物特性和对社会、经济和生态环境的影响特征，结合生态环境损失评估步骤、指标体系的建立原则，建立了陆生和水生外来入侵杂草的生态经济损失评价体系（附录 A）。

7 评估模型

外来入侵杂草的生态经济损失包括直接经济损失和间接经济损失。

7.1 陆生外来入侵杂草

陆生外来入侵杂草生态经济影响评估模型见附录 B1。

7.2 水生外来入侵杂草

水生外来入侵杂草生态经济影响评估模型见附录 B2。

8 评估结果

通过查阅权威部门公布的统计数据，结合对外来入侵杂草在发生区实地监测，包括：对农业、林业、畜牧、水产的影响及危害（侵染）程度，对人类身体健康的影响，人工防除/打捞、机械防除/打捞、农药防控和生物防治等费用。

根据评估模型对外来入侵杂草的生态经济影响进行评估，评估结果报表见附录 C。

附录 A   生态经济影响指标体系

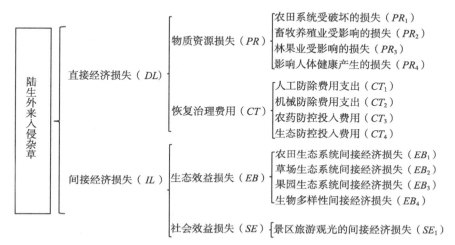

附图 A1   陆生外来入侵杂草生态经济影响指标体系

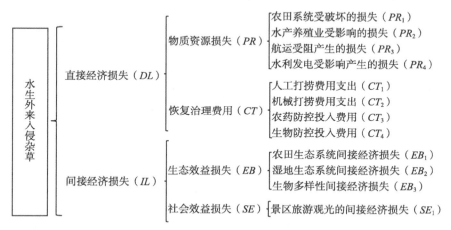

附图 A2   水生外来入侵杂草生态经济影响指标体系

附录 B　生态经济影响评估模型

附录 B1　陆生外来入侵杂草生态经济影响评估模型

根据陆生入侵杂草的入侵生境和区域，经济损失估算分为直接损失和间接损失两部分。

$$EL = DL + IL \qquad (\text{附录 B 公式 1.1})$$

式中：EL——经济损失；DL——直接经济损失；IL——间接经济损失。

$$DL = PR + CT \qquad (\text{附录 B 公式 1.2})$$

式中：PR——物质资源损失；CT——恢复治理费用。

$$PR = PR_1 + PR_2 + PR_3 + PR_4 \qquad (\text{附录 B 公式 1.3})$$

式中：PR_1——农田系统受破坏的损失；PR_2——畜牧养殖业受影响产生的损失；PR_3——林果业受影响产生的损失；PR_4——人类健康影响产生的损失。

PR_1=产量损失+质量损失
　　=发生面积×单位面积产量×产量损失率×单位数量产品的价值+发生面积×单位面积产量×质量损失率×单位数量产品的价值；

PR_2=产量损失+质量损失+养殖成本增加量
　　=发生面积×单位面积草场产量损失量×单位牧草载畜量×单位牲畜价值+畜牧产品损失量×畜牧产品单价+养殖成本增加量；

PR_3=产量损失+质量损失
　　=发生面积×单位面积产量×产量损失率×单位数量产品的价值+发生面积×单位面积产量×质量损失率×单位数量产品的价值；

PR_4=影响人群数量×平均治疗费用/人。

$$CT = CT_1 + CT_2 + CT_3 + CT_4 \qquad (\text{附录 B 公式 1.4})$$

式中：CT_1——人工防除费用；CT_2——机械防除费用；CT_3——农药防治投入费用；CT_4——生态防治费用。

$$IL = EB + SE \qquad (附录 B 公式 1.5)$$

式中：EB——生态效益损失；SE——社会经济效益损失。

$$EB = EB_1 + EB_2 + EB_3 + EB_4 \qquad (附录 B 公式 1.6)$$

式中：EB_1——农田生态系统间接经济损失；EB_2——草场生态系统间接经济损失；EB_3——果园生态系统间接经济损失；EB_4——生物多样性间接经济损失。

$$EB_1 = S_{农田} \times F_{农田} \times K_{农田} \qquad (附录 B 公式 1.7)$$

式中：S——农田生态系统受陆生外来入侵杂草侵染的面积；F——农田生态系统服务功能间接使用价值；K——陆生入侵杂草对农田所造成的损害程度。

$$EB_2 = S_{草场} \times F_{草场} \times K_{草场} \qquad (附录 B 公式 1.8)$$

式中：S——草场受陆生外来入侵杂草侵染的面积；F——草场生态系统服务功能间接使用价值；K——入侵杂草对草场所造成的损害程度。

$$EB_3 = S_{果园} \times F_{果园} \times K_{果园} \qquad (附录 B 公式 1.9)$$

式中：S——果园生态系统受陆生外来入侵杂草侵染的面积；F——果园生态系统服务功能间接使用价值；K——陆生入侵杂草对果园所造成的损害程度。

$$EB_4 = N \times V \times U \times K \times P \qquad (附录 B 公式 1.10)$$

式中：N——受侵染地区该物种入侵前的物种数；V——单位遗传资源的经济价值；U——遗传资源的被使用率；K——濒危遗传资源的比例；P——表示外来入侵物种在造成遗传资源受威胁的诸因素中所占的比例。

社会经济效益主要由于陆生入侵杂草的入侵导致了旅游景点的污染，降低了受污染景点的旅游选择意愿，致使其所带来的门票收入、购物消费收入等减少。

$$SE = R / I \qquad (附录 B 公式 1.11)$$

式中：R——景区收入；I——银行利率。

附录 B2　水生外来入侵杂草生态经济影响评估模型

根据水生外来入侵杂草的入侵生境和区域，经济损失估算分为直接损失和间接损失两部分。

$$EL = DL + IL \qquad\text{（附录 B 公式 2.1）}$$

式中：EL——经济损失；DL——直接经济损失；IL——间接经济损失。

$$DL = PR + CT \qquad\text{（附录 B 公式 2.2）}$$

式中：PR——物质资源损失；CT——恢复治理费用。

$$PR = PR_1 + PR_2 + PR_3 + PR_4 \qquad\text{（附录 B 公式 2.3）}$$

式中：PR_1——农田系统受破坏的损失；PR_2——水产养殖业受影响产生的损失；PR_3——航运受阻产生的损失；PR_4——水力发电受影响产生的损失。

PR_1 = 产量损失 + 质量损失

= 发生面积 × 单位面积产量 × 产量损失率 × 单位数量产品的价值 + 发生面积 × 单位面积产量 × 质量损失率 × 单位数量产品的价值；

PR_2 = 产量损失 + 质量损失

= 发生面积 × 单位面积养殖收益 × 产量损失率 + 发生面积 × 单位面积养殖收益 × 质量损失率；

PR_3 = 导致航运船只额外的燃油消耗；

PR_4 = 导致水力发电的损失。

$$CT = CT_1 + CT_2 + CT_3 + CT_4 \qquad\text{（附录 B 公式 2.4）}$$

式中：CT_1——人工打捞费用；CT_2——机械打捞费用；CT_3——农药防治投入费用；CT_4——生物防治费用。

$$IL = EB + SE \qquad\text{（附录 B 公式 2.5）}$$

式中：EB——生态效益损失；SE——社会经济效益损失。

$$EB = EB_1 + EB_2 + EB_3 \qquad\text{（附录 B 公式 2.6）}$$

式中：EB_1——农田生态系统间接经济损失；EB_2——湿地生态系统间

接经济损失；EB_3——生物多样性间接经济损失。

$$EB_1 = S_{农田} \times F_{农田} \times K_{农田} \qquad （附录 B 公式 2.7）$$

式中：S——农田受水生外来入侵杂草侵染的面积；F——农田生态系统服务功能间接使用价值；K——入侵杂草对农田所造成的损害程度。

$$EB_2 = S_{湿地杂草} \times F_{湿地} \times K_{湿地} \qquad （附录 B 公式 2.8）$$

式中：S——湿地受水生外来入侵杂草侵染的面积；F——湿地生态系统服务功能间接使用价值；K——入侵杂草对湿地所造成的损害程度。

$$EB_3 = N \times V \times U \times K \times P \qquad （附录 B 公式 2.9）$$

式中：N——受侵染地区该物种入侵前的物种数；V——单位遗传资源的经济价值；U——遗传资源的被使用率；K——濒危遗传资源的比例；P——表示外来入侵杂草在造成遗传资源受威胁的诸因素中所占的比例。

社会经济效益主要由于水生外来入侵杂草的入侵导致了旅游景点的污染，降低了受污染景点的旅游选择意愿，致使其所带来的门票收入、购物消费收入等减少。

$$SE = R / I \qquad （附录 B 公式 2.10）$$

式中：R——景区收入；I——银行利率。

附录 C　外来入侵杂草生态经济评估结果

附表 C1　陆生外来入侵杂草生态经济损失调查表

陆生外来入侵物种名称	（物种 1）	（物种 2）	……	（物种 n）
1　直接经济损失（DL）：$DL = PR + CT$				
1.1　物质资源损失（PR）：$PR = PR_1 + PR_2 + PR_3 + PR_4$				
1.1.1　农田系统受破坏的损失（PR_1）				
1.1.2　畜牧养殖业受影响的损失（PR_2）				
1.1.3　林果业受影响的损失（PR_3）				

续表

陆生外来入侵物种名称	（物种1）	（物种2）	……	（物种n）
1.1.4 影响人体健康产生的损失（PR_4）				
1.2 恢复治理费用（CT）：$CT = CT_1 + CT_2 + CT_3 + CT_4$				
1.2.1 人工防治费用支出（CT_1）				
1.2.2 机械防治费用支出（CT_2）				
1.2.3 农药防控投入费用（CT_3）				
1.2.4 生物防控投入费用（CT_4）				
2 间接经济损失（IL）：$IL = EB + SE$				
2.1 生态效益损失（EB）：$EB = EB_1 + EB_2 + EB_3 + EB_4$				
2.1.1 农田生态系统间接经济损失（EB_1）				
2.1.2 草场生态系统间接经济损失（EB_2）				
2.1.3 果园生态系统间接经济损失（EB_3）				
2.1.4 生物多样性间接经济损失（EB_4）				
2.2 社会效益损失（ES）：$SE = SE_1$				
2.2.1 景区旅游观光的间接经济损失（SE_1）				
经济生态损失（EL）：$EL = DL + IL$				

附表 C2 水生外来入侵杂草生态经济损失调查表

水生外来入侵物种名称	（物种1）	（物种2）	……	（物种n）
1 直接经济损失（DL）：$DL = PR + CT$				
1.1 物质资源损失（PR）：$PR = PR_1 + PR_2 + PR_3 + PR_4$				
1.1.1 农田系统受破坏的损失（PR_1）				
1.1.2 水产养殖业受影响的损失（PR_2）				
1.1.3 航运受阻产生的损失（PR_3）				
1.1.4 水力发电受影响产生的损失（PR_4）				
1.2 恢复治理费用（CT）：$CT = CT_1 + CT_2 + CT_3 + CT_4$				
1.2.1 人工打捞费用支出（CT_1）				

续表

水生外来入侵物种名称	（物种1）	（物种2）	……	（物种n）
1.2.2 机械打捞费用支出（CT_2）				
1.2.3 农药防控投入费用（CT_3）				
1.2.4 生物防控投入费用（CT_4）				
2 间接经济损失（IL）：$IL=EB+SE$				
2.1 生态效益损失（EB）：$EB=EB_1+EB_2+EB_3$				
2.1.1 农田生态系统间接经济损失（EB_1）				
2.1.2 湿地生态系统间接经济损失（EB_2）				
2.1.3 生物多样性间接经济损失（EB_3）				
2.2 社会效益损失（ES）：$SE=SE_1$				
2.2.1 景区旅游观光的间接经济损失（SE_1）				
经济生态损失（EL）：$EL=DL+IL$				

外来草本植物安全性评估技术方案

1 范围

本技术方案规定了对已经传入或引入定殖的非国家管制的外来草本植物安全性评估的技术和方法。

2 规范性引用文件

下列文件对于本文件的应用是必不可少的。凡是注日期的引用文件，仅所注日期的版本适用于本文件。凡是不注日期的引用文件，其最新版本（包括所有的修改单）适用于本文件。

GB/T 27616《有害生物风险分析框架》。

GB/T 27617《有害生物管理综合措施》。

NY/T 1707《外来入侵植物风险分析技术规范　飞机草》。

NY/T 3669《外来草本植物安全性评估技术规范》。

3 术语和定义

3.1 传入（Introduction）

通过人为引进、无意引入、自然传播等途径从一个地区或生境进入其他地区或生境的过程。

3.2 有害生物（Pest）

任何对植物或植物产品有害的植物、动物和微生物（包括各种病原体的种、株系、生物型）。

3.3 安全性评估（Safety Assessment）

对已传入定殖的外来草本植物，评估其对生态、经济和社会的影响。

3.4 近缘种 (Relative Species)

在遗传上有亲缘关系、形态性状近似的物种。

4 安全性评估指标应遵循的原则

安全性评估指标应具有科学性、重要性、系统性、实用性和可移植性。

5 安全性评估指标体系

外来草本植物的安全性评估指标体系分为一级指标层（R_i），包括国内基本情况、生物学属性、繁殖与扩散能力、环境与危害、危害控制，一级指标层设下设 14 个二级指标层（R_{ii}），二级指标层下设指标体系。指标、指标参数及赋值见附录 A。

6 安全性评估流程

根据 GB/T 27616 标准规定的有害生物风险分析技术框架，外来草本植物安全性评估流程分为安全性评估的启动、安全性评估过程和安全性评估风险管理 3 个阶段，外来草本植物安全性评估流程见附录 B。

7 安全性评估的启动

出现下列情况之一时，可直接组织启动外来草本植物安全性评估。
情况一，国内无发生区从发生区引入的外来草本植物；
情况二，国内新发现的自然定殖的外来草本植物。

8 安全性评估

8.1 信息收集

查阅国内外文献资料，收集和掌握拟评估外来草本植物的生物学、生态学特性和发生发展规律等方面的信息，包括分类地位、形态特征、繁殖方式和数量、起源和原产地、生境、生长条件和适应性、扩散途径、危害性、现有分布和潜在分布状况、天敌、竞争物种等内容。

8.2 评估内容

8.2.1 基本情况评估

拟评估外来草本植物在国内的分布、危害、监测和防控等情况。

（1）传入途径。

（2）国内的分布和发生及其危害程度。

（3）国内的研究状况。

（4）国内的监测和防控实施情况。

（5）是否被其他国家或地区和组织列入管制名单。

8.2.2 植物生物学属性评估

评估外来草本植物的生活史、遗传特性、耐逆性及致害性等生物学属性。

（1）是否传带其他检疫性有害生物。

（2）遗传的稳定性。

（3）在多种胁迫环境（干旱、高湿、高温、低温和瘠薄等逆境）中的生长发育情况。

（4）对人类或动物的健康是否有影响。

8.2.3 繁殖与扩散能力评估

拟评估外来草本植物的繁殖能力和扩散能力。

（1）植物的繁殖方式、单株植物的繁殖体数量、繁殖体的萌芽率及种子库种子存活率。

（2）繁殖体是否具有适应长距离传播的潜力。

8.2.4 环境与危害评估

拟评估外来草本植物原产地与拟评估区域的气候环境和生物影响等。

（1）植物原产地与评估区域的气候相似性，温度（有效积温、年平均温度、最冷月平均温度、最热月平均温度、最高温度、最低温度）、光照（日照长度）及降水（年降水量、特定时间的降水量）等气候因子。

（2）植物的竞争力，能否与本地近缘种杂交，对其他物种是否表现有化感作用。

（3）评估区域内已有的限制外来草本植物生存和繁殖的自然因素，已有的天敌和竞争生物等。

8.2.5　危害控制评估

对拟评估外来草本植物的防治方式和防除难度。

（1）检疫难易度。

（2）防控手段是否多样。

（3）防控效果是否显著。

（4）防控成本的高低。

9　风险值的确定

9.1　风险大小的表征

外来入侵草本植物安全性风险指数以字母 R 表示，R 最大值为100。

9.2　风险指数的构成

风险指数（R）由一级指标基本情况（R_1）、植物生物学属性（R_2）、繁殖与扩散能力（R_3）、环境适应与危害（R_4）、危害控制（R_5）5 个部分组成。R 值计算公式如下。

$$R = R_1 + R_2 + R_3 + R_4 + R_5 \qquad （公式9.1）$$

根据每个指标的参数及其赋值，给出外来入侵草本植物在本指标下相应分值，确定分值按6.3~6.8和附录 B 所给出的评分原则确定。一级指标下面所有三级指标体系层所有的分值相加得到一级指标层的指数 R_1、R_2、R_3、R_4、R_5。

9.3　风险级别的划分

根据风险指数（R）的大小划分外来植物的安全风险等级为Ⅰ、Ⅱ、Ⅲ、Ⅳ级，分为低、中、高、极高 4 个级别（表9.1）。

表 9.1 外来植物风险等级

等级	风险指数（R）	级别
Ⅰ	$R<15$	低
Ⅱ	$15 \leqslant R<30$	中
Ⅲ	$30 \leqslant R<60$	高
Ⅳ	$R \geqslant 60$	极高

10 管理措施建议

根据安全风险级别，提出对外来草本植物管理措施及建议。

10.1 风险等级为Ⅰ级

可以引入。

10.2 风险等级为Ⅱ级

适当限制引入。

引入、调运、跨区域运输时应采取适当措施，防止逃逸和扩散。

采取适当的措施，对发生区的外来草本植物进行控制、监测，防止发生区域的不断扩大。

10.3 风险等级为Ⅲ级

严格控制引入。

特殊需要引入时，须主管部门审批。

（风险评估范围内的）发生区内的外来植物（包括繁殖材料）严禁调运至（风险评估范围内的）非发生区，对可能携带植物、植物产品、土壤等严格进行检验检疫，发现携带者须进行彻底的除害处理方可调运。

引入、调运、跨区运输时，应采取足够的措施控制其逃逸和扩散，并进行监测。

采取各种有效措施，对发生区的外来草本植物进行扑灭或控制。

10.4 风险等级为Ⅳ级

严禁引入，建议列入管制名单。

（风险评估范围内的）发生区内的外来草本植物（包括繁殖材料）以及能够携带的植物、植物产品、土壤等严禁调运至（风险评估范围内的）非发生区。

经过非发生区的跨区域运输时要采取严格的防范措施，严格避免可能的逃逸。

采取各种有效措施，对发生区内的外来入侵草本植物进行扑灭。

11 评估报告

安全性评估报告包括：安全性评估的目的、背景、安全性评估主要内容、安全性评估结果、管理措施、结论、建议及参考文献。外来草本植物安全性评估报告撰写格式见附录 C。

附录 A 外来草本植物安全性评估指标体系

附表 A 外来草本植物安全性评估指标体系

二级指标（R_{ii}）	三级指标体系（R_{iii}）	评价指标	赋值	评分
一级指标及权重（R_i）：基本情况（8%）				
国内情况	国内分布范围	a. 个别省（区、市）有零星分布	1	0~1
		b. 大约 1/3 的省（区、市）有分布	0.5	
		c. 大多数省（区、市）均有分布	0	
	国内入侵状况	a. 在国内有多处报道其成功入侵危害的情况	1	0.5~1
		b. 在国内有报道扩散的情况，但危害并不重	0.5	
	引入途径	a. 通过无意进入国内	2	0~2
		b. 通过自然传入国内	1	
		c. 通过合法途径引入国内	0	
境外情况	境外重视程度	a. 大于 10 个国家（地区）列为检疫对象	2	0~2
		b. 有 1~10 个国家（地区）列为检疫对象	1	
		c. 属于一般性防治的常规有害生物	0	
	境外分布情况	a. 极广，分布区域>3 个以上的气候带	2	0.5~2
		b. 广，分布区域在 2~3 个气候带	1	
		c. 局部，分布区域在 1 个气候带	0.5	

续表

二级指标 （R_{ii}）	三级指标体系 （R_{iii}）	评价指标	赋值	评分
一级指标及权重（R_i）：植物生物学属性（9%）				
生活史	生活周期	a. 多年生草本植物	2	0.5~2
		b. 2 年生草本植物	1	
		c. 1 年生草本植物	0.5	
生长能力	抗逆性	a. 对生长过程中的多种逆境有良好的适应性或耐受性	1	0~1
		b. 对生长过程中的某种逆境有良好的适应性或耐受性	0.5	
		c. 对逆境耐受能力差	0	
遗传特性	遗传稳定性	a. 遗传物质 10 代以内会改变，不稳定	1	0~1
		b. 遗传物质可以保持 10 代以上不改变，稳定	0	
致害性	对人或动物健康的影响	a. 植物体有毒或分泌毒素，影响人或动物健康	3	0~3
		b. 植物体无毒或不分泌毒素，不影响人或动物健康	0	
是否携带有害生物	是否是有害生物寄主	a. 是有害生物寄主	2	0~2
		b. 不是有害生物寄主	0	
一级指标及权重（R_i）：繁殖与扩散能力（43%）				
繁殖能力	繁殖方式	a. 有性繁殖和无性繁殖皆有	15	3~15
		b. 仅有性繁殖	8	
		c. 仅无性繁殖	3	
	繁殖体数量	a. 每个繁殖周期单株种子产量≥1 000 粒，或单株分生≥10 株	7	0~7
		b. 每个繁殖周期单株 200 粒≤种子产量<1 000粒，或 3 株≤单株分生<10 株	3	
		c. 每个繁殖周期单株种子产量<200 粒，或单株分生<3 株	0	
	萌芽率	a. 适宜条件下繁殖体萌芽率≥60%	2	0~2
		b. 适宜条件下繁殖体 25%≤萌芽率<60%	1	
		c. 适宜条件下繁殖体萌芽率<25%	0	
	种子库种子存活率	a. 种子在土壤中保持较长的活性，时间≥1 年	2	0~2
		b. 种子在土壤中保持活性的时间<1 年	0	

续表

二级指标（R_{ii}）	三级指标体系（R_{iii}）	评价指标	赋值	评分
扩散能力	扩散方式	a. 可通过自然因素（风力、水流等）和生物因素（动物和人类）等多种方式进行扩散	4	1~4
		b. 仅能通过自然因素进行扩散	2	
		c. 仅能通过生物因素进行扩散	1	
	生物扩散力	a. 自身及其扩散媒介生物移动能力强（≥1 000m）	8	0~8
		b. 自身及其扩散媒介生物移动能力较强（10m≤移动能力<1 000m）	4	
		c. 自身及其扩散媒介生物移动能力弱（<10m）	0	
	自然扩散能力	a. 能够长距离传播	5	0~5
		b. 能够短距离传播	2	
		c. 基本不能够传播	0	
一级指标及权重（R_i）：环境与危害评估（26%）				
环境适应性	温度适宜度	a. 原产地温度与评估区域内大多数地区类似	2	0~2
		b. 原产地温度与评估区域内大多数地区差异很大	0	
	光照适宜度	a. 原产地光照条件与评估区域内大多数地区类似	1	0~1
		b. 原产地光照条件与评估区域内大多数地区差异很大	0	
	降水量适宜度	a. 原产地降水量与评估区域内大多数地区类似	1	0~1
		b. 原产地降水量与评估区域内大多数地区差异很大	0	
生态危害	能否高密度占领生境	a. 能高密度占领生境	6	0~6
		b. 仅能占领物种较为单一生境	4	
		c. 不能高密度占领生境	0	
	能否与本地近缘种植物杂交	a. 能够与本地近缘种植物杂交	2	0~2
		b. 不能够与本地近缘种植物杂交	0	
	对其他物种是否有化感作用	a. 有很强的化感作用，抑制其他物种不能正常生长，形成单一优势群	7	0~7
		b. 有化感作用，严重影响部分物种正常生长	3	
		c. 无化感作用，不影响其他物种正常生长	0	

续表

二级指标 （R_{ii}）	三级指标体系 （R_{iii}）	评价指标	赋值	评分
生物链影响	天敌（捕食昆虫、动物和病原菌）控制力	a. 无天敌	3	0~3
		b. 天敌数量少，控制力弱	2	
		c. 天敌控制力强，且广泛存在	0	
	竞争种	a. 无竞争种植物	4	0~4
		b. 竞争种植物数量一般	2	
		c. 竞争种植物广泛存在	0	
一级指标及权重（R_i）：危害控制（14%）				
防控措施	检疫难度	a. 不易辨别，需要专业人员经实验室专业仪器设备才能鉴定	1	0~1
		b. 专业人员现场即可辨别	0.1	
		c. 一般工作人员现场就可以鉴定	0	
	防控方式	a. 目前没有有效防控手段	7	0~7
		b. 防控手段单一，短期内效果显著	4	
		c. 物理防治、生物防治、化学防治等多种手段均有显著效果	0	
防控难度	除害处理难度	a. 除害处理困难，成本高，效果差	6	0~6
		b. 效果好，但除害处理较困难，成本高	3	
		c. 容易处理，成本低，效果好	0	
总分	0~100			

附录 B 外来杂草安全性评估流程

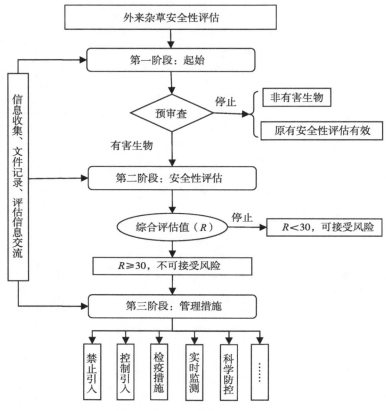

附录 B 外来杂草安全性评估流程

附录 C 外来杂草安全性评估报告格式

摘要

1 引言（目的、意义）

2 背景

外来入侵杂草图像采集技术方案

1 适用范围

本技术方案规定了外来入侵杂草普查中数字图片、录像信息采集的技术和方法。

适用于对外来入侵杂草数字图像信息的获取。

2 技术术语

2.1 植物群落（Plant Community）

生活在一定区域内所有植物的集合，是每个植物个体通过互惠、竞争等相互作用而形成的一个组合，是适应其共同生存环境的结果。每一相对稳定的植物群落都有一定的种类组成和结构。

2.2 优势种/建群种（Dominant/Constructive Species）

对群落的结构和群落环境的形成有明显控制作用的种群，具有密度高、盖度大、生物量高并且生活能力强的特点。

2.3 亚优势种（Subdominant Species）

个体数量与作用都次于优势种，但在决定群落的性质和控制群落环境方面仍起一定的作用的种群。

2.4 伴生种（Codominant Species）

群落的常见种类，它与优势种相伴存在，但不起主要作用。

2.5 偶见种（Rare Species）

在群落中出现频率很低的种类。可能是由于环境的改变偶然侵入的种群，或群落中衰退的残遗种群。

2.6　光圈（Aperture）

　　用来控制透过镜头进入机身内感光面的光量，是镜头的一个极其重要的指标参数。通常在镜头内，光圈的大小决定着通过镜头进入感光元件的光线的多少，用 f 值表示。f 值＝镜头的焦距/镜头光圈的直径。

　　根据 f 值计算公式可知要达到相同的光圈 f 值，长焦距镜的口径要比短焦距镜头的口径大。完整的光圈值系列如下：f/1.0，f/1.4，f/2.0，f/2.8，f/4.0，f/5.6，f/8.0，f/11，f/16，f/22，f/32，f/44，f/64。光圈 f 值越小，通光孔径越大（图 10.1），在同一单位时间内的进光量越多，而且上一级的进光量刚好是下一级的 2 倍。便如光圈从 f/8.0 调整到 f/5.6，进光量便多一倍，我们也说光圈开大了一级。f/5.6 的光通量是 f/8.0 的 2 倍。同理，f/2.0 的光通量是 f/8.0 的 16 倍，从 f/8.0 调整到 f/2.0，光圈开大了 4 级。对于消费型数码相机而言，光圈 f 值常常介于 f/2.8~f/11.0。此外许多数码相机在调整光圈时，可以做 1/3 级的调整。

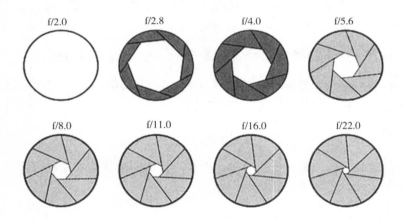

图 10.1　光圈值 f 值与通光孔径示意图

2.7　焦距（Focal Length）

　　相机的镜头是一组透镜，当平行于主光轴的光线穿过透镜时，光会聚到一点上，这个点叫作焦点，焦点到透镜中心（即光心）的距离，就称为焦距。焦距固定的镜头，即定焦镜头；焦距可以调节变化的镜头，就是变焦镜头。焦距通常用毫米（mm）标示，视野的大小取决于镜头的焦距和底片大小的比例（图10.2）。由于最大众化的是35 mm规格，镜头的视野经常是根据这种规格标示的。对标准镜头（50 mm）、广角镜头（24 mm）、望远镜头（500 mm）视野都是不一样的。对于数码相机也是一样，它们的感光器比一般传统的35 mm底片还要更小，所以相对的只要更短的焦距，就可以得到相同的影像。

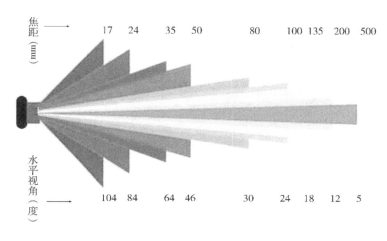

图 10.2 焦距视野示意图

2.8 像素（Pixel）

在由一个数字序列表示的图像中的一个最小单位。数码影像具有连续性的浓淡阶调，连续色调在影像放大数倍时就分成许多色彩相近的小方点，这些小方点就是构成影像的最小单位"像素"。越高位的像素，其拥有的色板也就越丰富，越能表达颜色的真实感。

2.9 景深［Depth of Field（DOF）］

指在摄影机镜头或其他成像器前沿能够取得清晰图像的成像所测定的被摄物体前后距离范围。光圈、镜头及焦平面到拍摄物的距离是影响景深的重要因素，光圈越大（光圈值 f 越小）景深越浅，光圈越小（光圈值 f 越大）景深越深；镜头焦距越长景深越浅、反之景深越深；主体越近，景深越浅，主体越远，景深越深。

3 目的

记录外来入侵杂草的入侵生境类型、危害状况，以及入侵杂草的整体或局部（根、茎、叶、花、果实或种子）的典型形态；记录普查技术人员普查工作实施过程中的工作流程。为建立外来入侵杂草在数字化分布图及数字博物馆建设提供真实的、可靠的第一手图像和影像资料。

4 设备及要求

4.1 数码相机及配件

数码相机：建议使用有效像素1 500万以上的单反数码相机，同时，为确保能在恶劣天气条件下拍摄，可以作为补充配备一台多功能防水数码相机。

镜头的配备：如采用单反相机建议配备2个镜头，1个变焦镜头，1个微距镜头。

闪光灯：在光线不足的条件下建议使用闪光灯，如清晨、黄昏等时段。

滤色镜：用于增加清晰度和保护镜头，建议配备标准的紫外光滤光镜（UV镜）1个，偏振镜1个（用于消除无用的反光）。

4.2 数码摄像机

建议使用600万以上像素的高清数码摄像机。

4.3 辅助器材

摄影布：在拍摄照片和视频过程中，遇到背景凌乱和为了更好地突出主体，需要使用摄影布作为背景衬托，建议使用2 m×2 m蓝色和红色、不反光的软布。

标尺：为了确保拍摄照片和视频有度量标准，在照相和摄影过程中需要加入标尺，为了确保清晰，建议使用黄底黑色刻度线的盒尺。

野外记录本：为了保证记录照片和视频归属清楚，在摄影过程中要准备用于记录照片号、对应的标本采集号、拍摄日期、尽可能精确的地理位置、照片类型等的记录本。

5 关键技术

5.1 构图

拍一张完美的照片都离不开完整的构图操作，提升构图能力的关键之一是要厘清拍摄时构图操作的顺序。拍摄时，构图操作和顺序一般可遵循 11 个步骤，条理清晰的操作有助于提高构图的质量。

步骤 1，寻找合适的拍摄地点以突出被摄主体。

步骤 2，根据光线状况决定用光方法。

步骤 3，通过相机景深尝试构图。

步骤 4，移动位置选取最佳拍摄点。

步骤 5，决定采用横幅构图或竖幅构图。

步骤 6，改变焦距，决定取景范围。

步骤 7，调整三脚架，将相机固定在三脚架上。

步骤 8，调整焦距。

步骤 9，排除一些干扰画面的杂乱因素。

步骤 10，对构图进行微调，对焦。

步骤 11，确定方案，触发快门拍摄。

5.2 拍摄

在光线不足的情况下，要适当增加感光度（如 Nikon 的最低感光度 ISO 为 100，光线不足可提高到 400）；当遇到光线对比度大的情况，要根据需要提高或降低曝光补偿。

5.3 野外编号

采用"简单记录照间隔法"，即在测定一个新调查样地时，先简单写一个样地编号（调查者能理解的代码），然后进行后续一系列照片和视频的拍摄，当转向下一个新样地时，重新设置新样地的简单编号，再进行后续的收集，这样在存储卡中的不同调查样地的照片就被这些记录照清晰地隔开了，在内业整理时，就能够简单地将不同类别照片分开，不会发生混淆的情况，然后根据记录的情况再进行详尽的各类表格的填写。

6 拍摄内容

6.1 生境影像

拍摄能反应外来入侵杂草入侵生境的照片和视频资料。例如：反映地形是山地（相对高度在 200 m 以上）、丘陵（相对高度在 200 m 以下）、平原（起伏较小、坡度不超过 5°）还是高原等。地貌是农田、湖泊、河流、山地、生活区、果园，还是公路、草场、林地、灌丛等。

6.2 植物群落影像

拍摄能够反映所调查外来入侵杂草生长和生息的植物群落类型和群落特征的照片和视频资料。

6.3 植物整体影像

拍摄能够反映外来入侵杂草的整体面貌特征的写真照片。主要反映植物地上部分整体生长特征，主要包括植株的高矮、茎叶和花的形态、颜色等信息。

6.4 植物局部影像

拍摄能够反映调查外来入侵杂草具有鉴别意义的各局部器官特征的特写图像资料。

6.5 工作资料影像

拍摄能够反映外来入侵杂草普查现场工作的图像资料。涉及内容包括：调查人员、调查地点地名、访问调查单位标牌、调查场景、访问人员合影、实地踏查场景、设置样地、样方设置、种群调查、标本制作和内业整理场景等。

6.6 其他相关资料影像

拍摄能反应外来入侵杂草普查工作的其他影像资料，如外来入侵杂草对人畜健康的影响等。

7 拍摄方法

7.1 植物生境影像

选择典型的地貌景观，采用相机"自动模式"（Auto）或"风景模式"和摄像机的"自动模式"（Auto）拍摄。照片要求 1 000 万像素以上，构图美观合理，画质清晰，数量 1 张以上。动态像素 450 万以上，每秒 30 帧以上，画面平稳不抖动，具备近景和远景拉伸特写，拍摄长度 15 s 以上。

7.2 植物群落影像

选择调查入侵杂草物种附近的植物群落组合，采用相机的"人物模式"和摄像机的"自动模式"（Auto）拍摄，达到目标植物突出，伴生植物清晰的目的。照片要求 1 000 万像素以上，构图美观合理，画质清晰。动态像素 450 万像素以上，每秒 30 帧以上，画面平稳不抖动，具备整体植物群落全景以及目标植物和主要伴生植物的特写，拍摄长度 20 s 以上。植物群落照片和植物生境照片形成很好的衔接，如群落简单，能够轻易获得群落不同物种的形态影像，则只提供 1 张照片即可。如果所处的植物群落较复杂，则无法通过 1 张照片展示群落中所有种的植物形态，因此要通过多张照片展示，推荐采用乔木层种群、乔木层优势种群形态、灌木层种群、灌木层优势种群形态、草本层种群、草本层优势种群形态的形式分解展示。

7.3 植物整体影像

选择没有病虫害和人为破坏干扰、发育正常的、成熟的调查植物植株，采用相机的大光圈短景深功能和摄像机的细节写真功能拍摄。照片要求 1 000 万像素以上，构图合理、画质清晰，数量 1 张以上。在拍摄时，单反相机可采用自动程度（P）或光圈优先（A）档，设置大光圈值或采用长焦端拍摄，以缩短景深，确保拍摄主体清晰。此外，在拍摄背景复杂的、小的草本植物时，为了突出拍摄主体（植物），可选择不同颜色的摄影背景布做衬托，或者采用颜色较单纯背景，例如蓝天做背景。动态像素 450 万以上，每秒 30 帧以上，画面平稳不抖动，整体入侵杂草植物清晰，背景相对虚化，拍摄长度 10 s 以上。

7.4　植物局部影像

选择外来入侵杂草的各个成熟而发育正常的器官，采用相机的"微距摄影"模式、单反相机使用微距镜头、数码摄像机的特写模式拍摄。要求包括植物的根、茎、叶、花或者果实、种子的照片，特别是具有重要鉴定意义的器官。背景复杂时可摘下拍摄体，放到摄影布上拍摄。为了展示器官的尺寸，可在拍摄物旁边加上标尺。照片要求 1 000 万像素以上，构图合理，画质清晰，数量为每个器官 1 张以上。动态像素 450 万以上，每秒 30 帧以上，画面平稳不抖动，整体外来入侵杂草清晰，背景相对虚化，拍摄长度每个器官 10 s 以上。

7.5　普查过程影像

收集反映普查过程的每个环节和工作场景的影像资料。照片要求 1 000 万像素以上，构图美观，影像清晰，照片数量可自行掌握。动态像素 450 万以上，每秒 30 帧以上，画面平稳不抖动，影像清晰，拍摄长度为每个环节 10 s 左右。

7.6　其他相关资料影像

拍摄能反应外来入侵杂草普查工作实施过程中纪实性的照片。照片要求 1 000 万像素以上，构图美观，影像清晰，照片数量可自行掌握。动态像素 450 万以上，每秒 30 帧以上，画面平稳不抖动，影像清晰，拍摄长度为每个环节 10 s 左右。

8　信息整理、保存及质量控制

8.1　影像定名编号方法

每天调查结束后及时拷贝照片，进行命名。命名格式为："植物名-采集省县乡-照片内容-影像类型-年月日-流水账号"。注意拍摄影像的同时也采集了腊叶标本、种子标本等其他凭证的，以标本鉴定的学名为准。未采集其他凭证标本的，应征求 3 位及以上专家的定名意见。

8.2　质量控制

拍摄前应检查相机摄制的像素数等设置是否正确，拍摄时尽量保持平稳不抖动。拍摄后应在现场利用预览功能进行放大预览，发现影像清晰度不够时及时删除，并补拍。

8.3　存储方法

影像定名后，完成编号和重命名后，电子资料按：影像类型文件夹-调查地点文件夹-调查时间文件夹-照片/录像的格式进行存放，并刻成 DVD 光盘进行保存，建议 1 份由调查人员保存，另 1 份提交给外来物种普查管理机构存档，照片也可通过网络上传的方式提交。影像类型文件夹分为生境照片、群落照片、植株照片、局部照片、工作照片、其他照片和录像。调查地点文件夹命名格式为省名＋县名。调查时间文件夹命名格式为年份＋月份＋日期。在收集照片和视频资料的同时，应该做好影视资料的记录，制定专门的记录表（附表 A）。

附录 A　信息记录

附表 A　影视资料记录表

序号	影像编号	物种名称	学名	影像类型	影像内容	拍摄时间	拍摄地点	拍摄人	备注

注：1. 影像编号：应对每份影像资料进行编号，格式按照 8.1 所示编号方法进行编号。

2. 物种名：应记录影像的目标物种的中文名称。

3. 学名：应记录影像的目标物种在植物分类学上的拉丁名。

4. 影像类型：应记录影像的类型，分为 a. 照片（photo）；b. 录像（video）。

5. 影像内容：应记录影像拍摄的内容，分为 a. 生境、b. 群落、c. 植株、d. 根、e. 茎、f. 叶、g. 花、h. 果实、i. 种子、j. 其他。

6. 拍摄时间：应记录影像资料拍摄的日期，格式为年月日。

7. 拍摄地点：应记录拍摄影像地点的省、县和乡（镇）的名称。省、县名称按 GB/T 2260 的规定执行。

8. 拍摄人：应记录拍摄影像的人员姓名，填写人员代码。

外来入侵杂草标本制作技术方案

1 范围

本技术方案规定了制作外来入侵杂草标本的技术和方法。

本技术方案适用于在外来入侵杂草调查过程中对相关物种标本的采集和制作。

2 术语定义

植物（Plant Specimen）标本植物全生育期形态等实物，经过防腐处理，可以长久保存，并尽量保持原貌，作为展览、示范、教育、鉴定、考证及其他各种研究用途。

3 标本采集

3.1 采集方法

采集时应先全面、仔细地观察，选择有代表性、姿态良好并且无病虫的植株或部分进行采集。

尽可能采集花、果、根、茎和叶全生育期各部分形态特征的完全标本，地下部分有变态根或变态茎的，应一并挖出。

植物体过大，采集全株不便制作标本的，可采集长度30～50 cm 的一段典型部位（如带有花、果、叶的枝条），并挖取根部。对于叶片过大的植物，可采集部分叶片，叶片为单叶的可沿中脉的一边剪下，或剪一个裂片，叶片为复叶的采集主秆一侧的小叶；单叶或复叶的采集均应保留叶片的顶端和基部，或顶端的小叶；对于花序较大的植物，可采集花序的一部分；同株植物有不同叶形的（如基生叶和茎生叶、漂浮叶和沉水叶、营养叶和繁殖叶），各种不同叶形均应采集。

采集雌雄异株或单性花、雌雄同株的植物标本时，雌花和雄花均应采集。

采集水生植物时，应尽可能采集到其根部。对于捞出后容易缠成团、不易分开的水生植物，可用硬纸板将其从水中托出，连同纸板一起压入标本夹内。

采集寄生或附生植物时，应将寄/附主上被寄/附生的部分同时采下来，分别注明寄/附生植物及寄/附主植物，并记录寄/附主植物的种类、形态、寄/附生位置以及寄/附生植物的影响等。

3.2 野外记录

采集标本时应详细记录采集号（与号牌上的标本编号相同）、采集人、采集地点、采集时间、经纬度、海拔、坡向、采集生境、伴生种、所采集植物的基本性状（如叶、花、果的颜色、大小、气味等）和当地俗名等。

对于大型标本或进行部分采集的标本，必须详细记录株高，茎粗，整片叶的形状和长、宽，裂片或小叶的数目、长短，叶柄、叶鞘长度，全花序的大小等。

3.3 标本编号

标本采集后应立即进行标本编号，挂上号牌（可用硬纸板自制）。同一标本，一般采集2~3份，副标本与主标本使用同一标本编号。同一批次采集的标本，编号一般采用连贯法，不随采集点的改变而重新编号。

同种植物在不同地区采的标本应编不同的编号。雌雄异株植物也应分开编号，注明2份标本为同一种植株的雌株或雄株。

4 标本制作

4.1 腊叶标本的制作

4.1.1 清理

去除枯枝烂叶、凋萎的花果、破损或受病虫危害的叶片。

用清水洗去泥沙杂质，用海绵吸走植物表面的残水。注意冲洗时不要损伤标本，避免破坏植物表面的绒毛和蜡粉等。

4.1.2 整形

对标本的形态进行调整。将标本展平枝叶，使大部分叶片和花正面朝上，适量的叶和花背面朝上。若叶片太密集，应适当修剪，但要留下一点叶柄，以示叶片着生情况。有花、果的标本，宜将其中一朵花或一个果剖开，以显示其内部结构，便于鉴定。对于有硬刺的植物，可用木板等把刺压平。

4.1.3　压制和干燥

标本干燥最常用压干法，将采集的标本与号牌一起夹在草纸之间，用标本夹捆紧，通过换纸使之干燥。开始的2~3 d，每天换纸2~4次，此后每天换纸1次，直至标本被压干。在潮湿多雨的地区或季节，应增加换纸的频率。

在换纸时可根据标本形态进行必要的整形，但随着标本逐渐干燥，整形时容易损伤标本，应特别小心。换纸或整形时从标本上脱落下来但应保留的部分，应及时收集装入纸袋，并注上标本号，与原标本放在一起压制。

压干的标本应置于通风干燥处。

在标本干燥过程中，可使用如下方法加速标本的干燥，气候潮湿时使用效果更明显，能更好地保留标本的原色。

烘烤：用微火烘烤标本夹。

烙干：将标本置于标本夹中压制1~2 d后，铺一层棉布于草纸上，用熨斗熨烫，每天1~2次。

烘箱干燥：将标本夹置于30~50℃的烘箱中进行干燥。

红外灯干燥：用瓦楞纸板、泡沫板把夹着标本的草纸隔开，用标本夹捆好，置于烘烤架（用金属材料自制）上，将红外灯放在烘烤架下进行烘烤，温度以40℃左右为宜。

4.1.4　消毒

标本压干后，需要进行消毒。

（1）低温冷冻消毒法。把干燥的标本密封在塑料袋中，放入-18℃以下低温冰箱7 d，或置于-30℃冰箱3 d，或置于-50℃冰箱1 d。

（2）紫外线消毒法。置于紫外线灯下照射1 h。

消毒后的标本，需重新压干。

4.1.5　装订与固定

台纸是承托腊叶标本的白色硬纸。台纸一般长约40 cm，宽约30 cm，以质密、坚韧、白色为宜。

标本上台纸时要注意布局，合理排放，不要使花、果离台纸边缘太近，并进行最后一次整形，剪去过多的枝、叶、果。若标本较长，可稍微进行弯曲或折成"∪"形、"∩"形、"N"形或"V"形等形状。注意避免在拿取时损坏标本。

用刀片在根、枝条和叶柄的两侧划破台纸，将坚韧的纸条两端分别从切口穿过台纸，在台纸背面，用胶水等将纸条两端固定于台纸上。也可以棉线装订或用透明胶带将标本直接粘在台纸上。

装订标本时，对于较大的花、果可另外加棉线或纸条订牢，以免脱落。

压制中脱落下来而应保留的叶、花、果，可按自然着生情况装订在相应位置或用透明纸装贴于台纸上的一角。

标本固定好后，按标本号，复写一份采集记录，贴于台纸的左上角，在台纸右下角贴上定名标签（未鉴定的标本不贴定名标签）。

4.1.6 蜡叶标本制作的其他方法

对于肉质、蜡质厚的植物以及小型羽状复叶失水后很快闭合的植物，可采用本方法制作腊叶标本。

清理、整形步骤同 4.1.1~4.1.2，不同之处为整形直接在台纸上进行。整形时可将较粗的茎的背面一半去掉。

尽量用一面白色另一面深色的硬纸板作为台纸。新鲜植物体摆放在台纸上后，一般不在一个平面上，可用海绵轻轻按压，仍不理想的可用窄透明胶带（宽度＜1 cm）将需要暂时固定的部分固定在台纸上。在合适的位置贴上采集记录标签。

用宽透明胶带（宽度＞10 cm）的透明胶带将标本密封在台纸上，再隔着海绵按压透明胶带，将标本在台纸上粘牢。将粘好的标本背面朝上置于烈日下暴晒，至标本正面胶布上不再有水蒸气凝结，再适当多晒一段时间，标本即晒制完成。

将台纸背面涂成黑色可加快晒制的速度。

4.2 浸液标本的制作

4.2.1 适用范围

对于地下部分、地上茎或果实肥厚或较大的标本，可浸放于药液中，制成浸液标本。此法也适用于植物其他部分以及藻类、苔藓类、蕨类等的保存。

4.2.2 不保持原色的标本的浸制

下列药液可用于浸制植物标本，但标本材料容易褪色。

（1）F. A. A. 固定液。福尔马林、冰醋酸和乙醇的混合液，参考比例为 50％或 70％乙醇 90 mL（柔软材料用 50％乙醇，坚硬材料用 70％乙醇），冰醋酸 5 mL，福尔马林（浓度 37%~40%）5 mL。可加入少许甘油。各成分的比例可适当调整。

（2）5%~6%的甲醛水溶液（可加入少许甘油）。瓶内保存的标本不宜太多。

（3）3%~5%冰醋酸水溶液。

4.2.3 原色标本的浸制

（1）绿色标本的浸制。将 10~20 g 醋酸铜粉末溶于 100 mL 50%醋酸中，加水稀释 3~4 倍，加热升温至 70~80℃，放入标本并不断翻动，10~30 min 后，标本的绿色经过消失又重新恢复。取出标本，洗净药液，放入 5%~6% 甲醛水溶液中保存。

对于较大的未成熟的绿色果实，可放入硫酸铜饱和溶液中 2~5 d，待颜色稳定后，取出洗净，放入 0.5%亚硫酸水溶液中巩固 1~3 d，最后放入 1% 亚硫酸水溶液中，加适量甘油，便可长期存放。

（2）红色标本的浸制。先将红色标本放入 10%~15%硫酸铜水溶液中，或放入 4 mL 福尔马林、3 g 硼酸与 400 mL 水配制的药液中，浸泡至颜色由红变褐时取出。如果药液不浑浊，则可转入保存液中。常用的保存液配制方法如下。

①25 mL 福尔马林、25 mL 甘油、1 000 mL 水；

②30 g 硼酸、20 mL 福尔马林、130 mL 75%乙醇、1 350 mL水；

③20 mL 10%亚硫酸、10 g 硼酸、580 mL 水。

（3）黄色标本的浸制。

①用 6%亚硫酸 500 mL、85%乙醇 500 mL、水 400 mL 配成药液，直接将黄色标本放入保存。

②用亚硫酸饱和水溶液 568 mL、95%乙醇 568 mL、水 4 500 mL 配成药液，直接将黄色标本放入保存。

（4）黑色和紫色标本的浸制。

①50 mL 福尔马林、100 mL 饱和氯化钠水溶液、870 mL 水配成药液，混合后过滤，将标本浸入即可。

②45 mL 福尔马林、280 mL 95%乙醇和 2 000 mL 水配制成药液，静置使其沉淀，取澄清液备用。将标本浸入 5%硫酸铜水溶液中 24 h，取出保存于配制的药液中。

（5）蓝色标本的浸制。先将标本放入 5%硫酸铜水溶液中 24 h，转入由 6 mL 福尔马林、2 mL 甘油、3 g 氢氧化钠和 200 mL 水配制的药液中保存。

（6）标本浸制的注意事项。制作浸液标本时，瓶口要用石蜡或凡士林等密封，并避免阳光直射。

4.2.4 风干标本的制作

对于禾本科植物、一些菊科植物较大的完整花盘、肥厚或较大的地下部分和果实等，可置于通风干燥处自然风干制成标本。

5 标本采集的要求

株高 40 cm 以下的草本全株采集，高大的草本植物，采下后可折成"V"形或"N"形，然后再压入标本夹内；也可选其形态上有代表性的剪成上、中、下三段，分别压在标本夹内，但要注意编注同一个采集号，以便鉴定时查对；雌雄异株的植物应分别采集，更矮小的草本则采集数株，以采集物布满整张台纸为宜。

分子生物学的标本可选择干净的幼枝或叶片 3~5 个，放入装有硅胶的密封袋中，让其快速干燥即可。

每份植物标本均须系上号牌，号牌的大小一般为（2×4）cm²，号牌上要写明采集人、采集号、采集时间和采集地点等信息。

6 填写标本采集记录的要求

详细填写外来入侵杂草标本采集记录表，并记录植物标本的采集人、采集地点、采集日期、海拔、植物的产地、生境、花果颜色和气味等生态特征，以免过后忘记或错号等。在野外编的号码应一贯连续。

7 标本整理的要求

标本整理和修剪的注意事项如下。

将标本折叠或修剪成与台纸相应的大小（长约 40 cm，宽约 30 cm），如植株泥土过多，则应用干毛刷去除根、茎、叶上的泥土，并从数株同一植物中选择生态特征最完整的做标本。

将枝叶展开，反折平铺其中一小枝或部分叶片，以便在同一平面上能见到植物体两面的构造，便于进行观察鉴定。去掉植物体上过于密集的枝叶，注意保留一小段花、果、叶柄，以表明植物原有的生态特征，保证压制后在同一平面上枝叶不至于重叠太多，特别应注意花果部分不要重叠，尽量使修剪后的植株能保持自然状态。

若植物有花、果、茎节或是叶柄等可供鉴识部分，要注意不被叶遮挡。茎或小枝要斜剪，以便观察中空或含髓的内部结构。

如果叶片太大，整张吸水纸放不下的，可沿叶脉剪去全叶的2/5，保留叶尖，若是羽状复叶可将叶轴一侧的小叶剪短，保留小叶基部和复叶顶端小叶。

草本植物可折成"V"形、"N"形或"W"形。最好不要使标本的任何一部分露出于报纸之外，以免在搬运、干燥与储存中导致标本的损害。

野外采集的花均可散放在卫生纸中干燥；若为筒状花，花冠应纵向剖开。

若有额外采集的果实，有些应纵向剖开，有些横向切开；若果实过大可切成片状后干燥。

8 标本的保存

凡经上台纸的植物标本，经正式定名后，装入同台纸规格相同的标本盒内，并放进标本柜中保存。未定名的标本需送有关专家或机构鉴定。最好设立专门的标本室，标本室内放置干燥剂和樟脑丸，以防潮防蛀。

定名签的大小约为 5 cm×10 cm，其格式参考图 11.1。


```
                    ××植物标本室
      中文名_____
      学名（拉丁名）_____
      科名_____  产地_____
      采集人_____  号数_____
      鉴定人_____  日期_____
```

图 11.1 标本定名签格式

标本标签格式参考图 11.2。

XX 植物

采集人　　　　　　号数

_____年____月____日

产地_____省（市）_____县

环境

海拔_____性状_____株高_____

茎_____

叶_____

花_____

果实_____

科名_____俗名_____

中文名_____英文名_____

学名（拉丁名）：_____

附记：_____

图 11.2　标本标签格式

新发 /疑难识别入侵杂草鉴定技术方案

1　范围

本方案对调查中新发/疑难识别外来入侵杂草物种鉴定的技术流程进行了规范。

本技术方案适用于对新发/疑难识别外来杂草的鉴定。

2　术语定义

2.1　新发物种

在调查区域首次发现的、在当地形成危害的并且不在调查名录内的外来入侵杂草。

2.2　疑难物种

已经在普查区域内定殖，在当地已经形成危害，与调查入侵杂草名单里某一种（类）物种相似，现场不能完成鉴定的杂草物种。

3　流程启动条件

调查专业技术人员在实地踏查或样地调查过程中发现非本地的、不在调查名录里的、在当地形成危害的，实地不能鉴定的物种或当地不具备鉴定条件的，需启动新发/疑难识别入侵杂草鉴定流程。

4　鉴定流程

新发/疑难识别入侵杂草鉴定流程见附录 A。

4.1 上报

经调查专业技术人员确认需上报鉴定的物种，应采集杂草物种特征图像信息，包括整株形态图像，植物叶、花、果、茎、种子形态图像，环境状态图像；采集杂草标本，并记录采集时间、采集人、采集地点、位置（经、纬度）、海拔、生境类型、危害等信息，相关采集信息记录于附表 B。并报当地外来入侵物种调查办公室备案。

4.2 本地专家鉴定

调查办公室接到调查人员上报后，收到调查人员采集的植物标本后，组织有关人员制作杂草标本，同时组织本地专家查阅植物图鉴、植物志及杂草志等工具书进行鉴定。若鉴定完成，为入侵物种，对标本制作标签，建卡、登记和保存（标本采集信息记录表见附录 C）；若鉴定完成为非入侵物种，采集的植物标本应统一处理。

4.3 省内行业专家鉴定

若本地专家不能完成鉴定，调查办公室应上报市级、省级外来入侵物种调查办公室，将电子图像信息和制作用的植物标本寄给省内行业专家进行鉴定。鉴定完成，为入侵物种，待标本寄回后，对标本制作标签，建卡、登记和保存（标本采集信息记录表见附录 C）；若鉴定完成为非入侵物种，待标本寄回后，采集的植物标本应统一处理。

4.4 国家级行业专家鉴定

若省内专家不能完成鉴定，调查办公室应上报农业农村部农业生态与资源保护总站，将电子图像信息和制作用的植物标本寄给国家级行业专家进行鉴定。鉴定完成，为入侵物种，待标本寄回后，对标本制作标签，建卡、登记和保存（标本采集信息记录表见附录 C）；若鉴定完成为非入侵物种，待标本寄回后，采集的植物标本应统一处理。

附录 A 鉴定流程

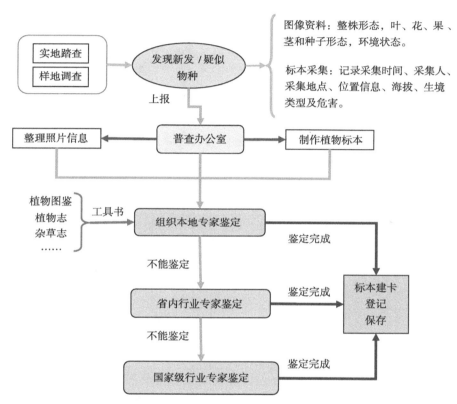

图像资料：整株形态，叶、花、果、茎和种子形态，环境状态。

标本采集：记录采集时间、采集人、采集地点、位置信息、海拔、生境类型及危害。

附图 A 新发/疑难识别入侵杂草上报、鉴定流程

附录 B 采集杂草图像信息

附表 B 新发/疑难识别杂草图像、标本信息表

调查单元	___省（市、区）___市（盟、州）___县（市、旗）___乡（镇）			
调查样地（/踏查线路）	_____编号：_____			
图像编号	P XXXXX	P XXXXX	P XXXXX	P XXXXX
图像类型				
图像描述				
拍摄地点				
生境类型				
地理位置				
海拔高度				
相机品牌型号				
拍摄人				
拍摄时间				
备注				

填表人：_____电话：_____ 填报时间： 年 月 日	审核人：_____电话：_____ 审核时间： 年 月 日

注：1. 此表由调查技术人员填写。

2. 图像编号：P+调查单元区域代码+LS+00000（0~99999）。

3. 图像类型：对图像的分类，如植物标本图、植物生境图等。

4. 图像描述：对图像的主体进行描述，如植物整株形态、生境状态、植物茎特征等。

5. 拍摄地点：图像拍摄地的详细地点。

6. 生境类型：发现入侵杂草的生境类型，如农田、沟渠、草场、林地等。

7. 地理位置：为地像拍摄点的经纬度。

8. 海拔高度：为地像拍摄点的海拔高度，单位为 m。

9. 相机品牌型号：为拍摄相机的品牌与型号，如佳能 D60。

10. 拍摄人：为图像直接拍摄人。

11. 拍摄时间：为图像拍摄的时间，XXXX 年 XX 月 XX 日。

12. 备注：其他需要说明的。

附录 C 采集标本信息

附表 C 外来入侵杂草标本采集记录表

标本编号： _____	采集日期： ____ 年 ____ 月 ____ 日

采集人： _____

采集地点： ____ 省（区） ____ 市（州、盟） ____ 县（旗） ____ 乡镇（街道） ____ 村

地理位置：北经 _____ 北纬 _____ 海拔： _____ （m）

采集地生境类型： _____ 生活型： □草本 □灌木 □乔木 □藤本

危害情况： _____

标本类型（份数）：腊叶标本（ ）份 液浸标本（ ）份 遗传材料（ ）份
活体植株（ ）份 果实/种子（ ）份 花（ ）份

科名： _____ 植物中文名： _____ 英文名： _____

拉丁学名： _____ 别名： _____

植物生境图像： _____ 植物群落图像： _____

植物个体图像： _____ 植物特征图像： _____

标本图像： _____

是否完成鉴定： ____ 鉴定人： ____ 鉴定时间： ____ 年 ____ 月 ____ 日

备注： _____

注：1. 此表由调查技术人员填写。

2. 植物生境、群落个体、特征图像均填写图像的编号，P+调查单元区域代码+LS+00000
（0~99999）。

3. 备注：其他需要说明的。

外来入侵杂草调查数据质量控制方案

1 适用范围

本方案适用于外来入侵杂草调查质量控制工作，包括对各级调查机构（如植保站、环保站等）、调查员和调查指导员，以及第三方机构实施开展的技术方案样地调查、数据录入、质量评估工作。各级调查机构是本辖区调查质量控制管理的责任主体。

2 数据采集

2.1 准备阶段

2.1.1 调查机构

需明确调查区的任务对象，熟悉调查的工作方案和技术路线，明确调查人员的责任，熟悉各类调查表的填写、回收流程，明确调查工作的进度要求，需对调查员和调查指导员开展相关培训，考核合格后方可持证上岗。

2.1.2 调查员及调查指导员

配备调查工具、移动采集终端设备、调查数据质量控制清单（附录 A）等，做好调查准备。准确理解调查内容，制定数据采集计划，在约定时间开展数据采集工作。调查指导员指导并监督调查员做好调查及质量控制准备工作。

2.2 数据采集阶段

调查机构调查时，应在调查单元每一个调查区域按不同方向选择几条具有代表性的线路，关键节点沿着线路调查，在每条线路针对不同生态环境的类型，采取大范围、多点调查的方式调查外来入侵杂草。

调查员负责向问卷调查对象解释调查内容以及填报指标，解答调查对象在调查过程中的疑问，无法解答的，及时向调查指导员报告；要保证在规定时间内，按时准确采集数据。

调查员在现场调查时需要登录调查软件系统或使用电子表格和纸质报表，独立或在调查指导员指导下，严格按照相关技术方案与标准填报数据。

要求一，数据填报完整规范。根据所属类别确定应填报表，做到报表不重不漏。据实、全面填报统计指标，应填尽填；正确理解填报要求，规范填报。

要求二，数据来源真实可靠。外来入侵杂草的种类、数量、分布、密度、入侵时间、传播途径、造成危害等基本信息正确填报，并有完整规范的现场记录文件和视频或图片资料等供核查核证。

纸质调查表用钢笔（碳素墨水）或黑色水性笔填写，需要用文字表述的字迹工整、清晰；需要填写数字的一律用阿拉伯数字表示，所有指标的计量单位、保留位数按规定填写。

2.3　数据审核及录入阶段

调查指导员进行现场人工审核，发现错误信息提醒调查员及时修改或备注说明。调查指导员对调查员采集的相关数据进行审核（附录 A）。

（1）完整性审核。包括调查报表完整性审核和指标完整性审核。重点审核调查员是否按照要求填报调查表，做到报表不重不漏。外来入侵杂草的名称、分布区域、覆盖度、首次入侵时间及危害程度等基本信息是否完整正确，对于空值数据应认真核实，做到应报指标不缺不漏。

（2）规范性审核。数据填报是否符合指标界定。外来入侵杂草的各项调查指标是否描述规范，核算采用的数据是否准确可靠。

（3）一致性审核。填报信息与调查对象实际信息等是否一致，录入数据与报表数据是否一致。

（4）合理性审核。外来入侵杂草分布区域、生境、物候期等指标是否在合理范围内。

（5）准确性审核。外来入侵杂草危害核算是否符合技术要求，计算结果是否准确。

调查员和调查指导员对调查数据负责，填报后签字确认。

纸质报表完成并经调查人员签字确认后录入系统。

区县调查机构组织纸质报表录入。报表录入完毕后，录入员应检查数据录入的全面性和完整性，尽快将报表归还调查表管理员。调查表管理员在回收资料时，应检查报表完整性，避免遗失。

区县调查机构须组织复录，核查数据录入质量，设立录入人员和复录人员岗位。采用交叉复录方式，同一数据的录入和复录不能为同一人。按照调查样地抽样复录，同时应覆盖各类调查对象，复录比对结果报告留档备查。

3 数据汇总审核

3.1 专人审核

各级调查机构按照管辖权限对辖区数据进行审核，应指定专人负责、专人检查，数据审核通过后逐级上报。

3.2 审核汇总

各级调查机构采取集中审核、多部门联合会审和专家审核等方式，审核汇总数据，同时抽取一定比例的调查对象原始数据进行细化审核。对于不满足数据质量要求的退回整改。

3.3 区域汇总数据审核

（1）代表性审核。调查区域是否具有代表性，同一类型生态系统排查不少于 5 个具有代表性的地点。

（2）完整性审核。调查区域覆盖是否全面，调查对象是否无遗漏，报表数据是否齐全。

（3）逻辑性审核。汇总表数据是否满足表内、表间逻辑关系以及指标间平衡关系。

（4）一致性审核。录入数据与报表数据是否一致。

（5）合理性审核。外来入侵杂草分布区域、生境及物候期等指标是否在合理范围内。

3.4 抽样复核

各级调查机构抽样选取一定数量的调查对象开展数据现场复核或报表审核（参照数据采集阶段审核方法）。

（1）调查指导员开展调查样地数据审核。负责对调查员提交的全部报表进行审核，其中现场复核比例不低于 10%，参照问卷调查数据质量控制清单填写复核结果。

（2）县级调查机构重点审核数据的完整性、逻辑性、一致性和规范性，组织开展调查样地和问卷调查随机抽样复核。抽样复核比例不低于 10%。

（3）省级调查机构重点审核数据的完整性、逻辑性、一致性、规范性和合理性，组织开展调查样地随机抽样和问卷调查复核。以辖区各区县为单位，抽样复核比例建议不低于 5%。

3.5 重点审核

各级调查机构加强对重点区域、重点外来入侵杂草的数据审核。对于入侵杂草分布和危害明显不合理的，要追本溯源，核实原始报表数据。

4 数据质量评估

4.1 抽样评估

各级调查机构组织外来入侵杂草调查数据质量核查。按照相关技术标准和要求，采取抽样的方法开展分阶段质量核查，编制数据质量评估报告。

4.2 合理性评估

运用历史数据比较、横向数据比较、相关性分析和专家经验判断等方法对调查数据进行数据合理性评估。结合外来入侵杂草生长特性、分布区域预测情况，对调查数据的准确性进行评估，分析数据异常情况、相关指标之间的逻辑关系。

5 组织实施

5.1 建立健全责任体系

各级调查机构要建立健全调查责任体系，明确主体责任、监督责任和相关责任。地方各级调查机构应设立专门的质量管理岗位并明确质量负责人，对调查的每个环节实施质量控制和检查。各级调查机构应将调查人员、经费、设备等保障性资源配置到位，确保调查的顺利进行。

5.2 合理选择第三方机构

地方调查机构如委托第三方机构开展调查工作的，应合理选择第三方机构，对其选定的第三方机构负监督责任，并对第三方机构承担的调查工作质量负主体责任。第三方机构对其承担的调查工作及数据质量负责，履行合同约定责任。

5.3 强化数据管理

各级调查机构要及时将原始数据和综合数据存储、备份，强化调查数据库日常管理和维护更新，并按照相关保密要求执行。各级调查机构应客观、公正地开展调查质量工作检查，如实记录检查情况。对不符合要求的，及时纠正，数据造假的，报送国家调查机构。

附录 A 数据质量控制清单

附表 A1 物种清查数据质量控制清单

单位名称		统一社会信用代码		
地址		负责人联系电话		
编号	质量控制检查内容		是	否
1	完整性		—	—
1.1	是否按照外来入侵杂草类别填报报表			
1.2	是否完整填报基本信息数据			
2	规范性		—	—
2.1	数据填报是否符合指标界定			
3	一致性		—	—
3.1	录入数据与报表数据是否一致			
4	准确性		—	—
4.1	调查点信息描述是否正确			

以上信息调查单位负责人现场核验，确认无误。 负责人： 单位签章： 　　　　　年　月　日	以上信息核验无误。 调查员/调查指导员： 　　　　　年　月　日

附表 A2　样地调查数据质量控制清单

单位名称		统一社会 信用代码		
地址		负责人 联系电话		
编号	质量控制检查内容		是	否
1	完整性		—	—
1.1	是否按照外来入侵杂草类别填报报表			
1.2	是否完整填报基本信息数据			
1.3	视频及图片资料是否完备			
2	规范性		—	—
2.1	数据填报是否符合指标界定			
3	一致性		—	—
3.1	录入数据与报表数据是否一致			
4	合理性		—	—
4.1	是否填报了合理的样地调查信息			
4.2	是否通过数据管理软件审核，不通过的是否进行了备注			
5	准确性		—	—
5.1	物种鉴定是否正确			
5.2	危害情况测算是否正确			
以上信息调查单位负责人现场核验，确认无误。 负责人： 单位签章： 　　　　　年　月　日		以上信息核验无误。 调查员/调查指导员： 　　　　　年　月　日		

附录 1
外来入侵杂草调查工具与装备

1　适用范围

本部分规定外来入侵杂草普查工作中常用的工具和装备。

适用于在普查单元内开展外来入侵杂草普查前期准备工作。

2　目标

准备（购置）普查装备，为普查人员安全有效完成外来入侵杂草普查工作提供基本的物质和安全保障。

3　内容及要求

普查单元的普查办公室，根据实施方案，确定所需的装备。

建议充分利用参加普查相关单位已有装备，开展普查工作。

若组织实施普查单位已有相关工具和装备，则无须重复购置，若通过协调无法落实的装备，再通过购置。

若购置的装备属于政府采购范围，须按政府采购相关规定执行。

购置的普查装备由购买单位登记，负责保管和使用。

4　装备种类

每个普查单元需要准备的装备目录和要求（建议），见附表 1，各普查单元可根据普查区域的实际情况对装备清单做适当调整，以满足外来入侵杂草普查工作要求为目标。

附表 1　普查单元外来入侵杂草普查装备目录

序号	装备名称	用途	技术指标（参数）	备注
1	计算机	调查数据信息填报		

续表

序号	装备名称	用途	技术指标（参数）	备注
2	数码相机	野外拍摄入侵杂草图像信息采集	≥1 500 万像素，备用电池 1 块，8 G 以上储存卡 2 块	
3	摄像机	野外拍摄入侵杂草视频信息采集	≥1 000 万像素，30 G 以上内存卡，备用存储卡，备用电池	
4	APP 数据采集终端	收集普查数据信息		
5	辅助软件	调查数据信息填报		
6	PDA	收集数据信息		
7	平板电脑	收集数据信息		
8	录音笔	记录声音信息		
9	恒温烘箱	测生物量	实验室用	
10	暖风机	烘制蜡叶标本	可携带的家用小型暖风机	
11	专业全球定位系统或定位仪	获取经度、纬度等位置信息	单点定位精度＜10 m	
12	海拔仪	获取海拔高度	精度到 0.1 m	
13	坡度仪	获取坡度、坡向信息	误差＜0.5°	
14	轨迹记录仪	实时记录调查轨迹，将照片与空间位置相对应		
15	对讲机	野外联络（偏远地区）	范围 3~5 km	
16	电子台秤	称量鲜重	量程 3~5 kg，精度 0.1 g 以下	
17	便携式水质分析仪	测量水生入侵杂草入侵水域的水质	数据准确，体积小，便于携带	
18	树木测高仪	测高度	精度 0.01 m	
19	望远镜	观察远处入侵杂草危害	倍率 10 倍以上	
20	地图	提供乡镇村、道路、地形地貌、植被信息	包括：行政村、县乡公路、地形地貌、植被信息	
21	调查表	记录调查信息	纸质	
22	记录本	记录调查信息	纸质	
23	铅笔	记录调查信息	2B 或 HB	
24	转笔刀 签字笔	削铅笔 写标签		
25	记号笔	写标签	粗、细	

续表

序号	装备名称	用途	技术指标（参数）	备注
26	样方框	野外调查工具	样方面积包括：0.5 m× 0.5 m、1.0 m×1.0 m、 2.0 m×2.0 m	
27	样线绳	野外调查工具	100 m	
28	皮卷尺	用于大样方	50 m	
29	钢卷尺	测量植物高度	3 m、5 m	
30	卡尺	小样方大小	2 m	
31	测量绳	测量样线长度		
32	标桩	野外调查工具		
33	挂号牌	样本采集		
34	水草定量夹	采样工具		
35	铁夹	采样工具		
36	多用铁锹	采集标本	长度<1 m	
37	镰刀	采集标本		
38	小铁铲	采集标本		
39	采集箱	收集样本		
40	样品收集袋	收集样本	可用不同型号的自封袋或根据采集植物的大小自制	
41	编织带	收集样本		
42	吸水草纸	采集样本		
43	镊子	采集样本		
44	剪刀	采集样本		
45	剪枝剪	采集样本		
46	野外多用刀			
47	种子收集袋	收集种子样本	正常型种子大号 21 cm× 11 cm；小号 12 cm×11 cm；顽拗型种子 21 cm×11 cm	
48	整理箱	用于装采集样本		
49	标签	记录样本信息	纸质	
50	纸质信封	存储标本等	大、中、小	
51	塑料塑封袋	存入调查表		
52	资料袋			

续表

序号	装备名称	用途	技术指标（参数）	备注
53	橡皮			
54	标本夹	采集标本	长×宽＞（45×35）cm²、木质	
55	台纸		40 cm×30 cm 的厚铜版纸	
56	瓦楞纸板		62 cm×44 cm	
57	硫酸纸		40 cm×32 cm	
58	种夹		62 cm×44 cm	
59	属夹		62 cm×44 cm	
60	标本采集记录表	野外调查中记录标本信息	130 cm×190 cm	
61	标本签	系在标本上，记录标本采集号等信息	30 cm×50 cm	
62	标本采集记录表	贴在鉴定后的标本上	90 cm×130 cm	
63	标本鉴定签	记录标本鉴定信息	55 cm×100 cm	
64	标签纸	记录标本实物的相关采集信息		
65	标本盒	存放标本		
66	福尔马林	制浸制标本		
67	无水乙酸	制浸制标本		
68	标本瓶	装浸制标本	大、中、小	
69	放大镜	标本鉴定		
70	植物志	入侵杂草鉴定		
71	地方志	入侵杂草鉴定		
72	杂草志	入侵杂草鉴定		
73	外来入侵杂草图谱	入侵杂草鉴定		
74	普查技术手册			
75	手套	保护调查时手不受伤害		
76	防护服			
77	水壶	保存野外用水		
78	应急药品（急救箱）	野外意外受伤急救处理	常用急救用品（大小创可贴、绷带、乙醇棉球）	
79	蛇药	意外伤害急救	口服、外敷蛇药	

续表

序号	装备名称	用途	技术指标（参数）	备注
80	手电	野外夜间照明		
81	头灯	野外照明		
82	帐篷	野外休息	双人	
83	车辆	用于普查时交通	车辆底盘相对高，具备越野性能	

附录 2
主要外来入侵杂草危害等级划分

附表2 主要外来入侵杂草危害等级划分

中文名	拉丁名	I级 轻度危害	II级 中度危害	III级 重度危害	备注
节节麦	Aegilops tauschii Coss.	<3%	3%~10%	>10	密度
紫茎泽兰	Ageratina adenophora (Spreng.) R. M. King & H. Rob. (=Eupatorium adenophorum Spreng.)	<5%	5%~30%	>30	密度或频度
空心莲子草	Alternanthera philoxeroides (Mart.) Griseb.	<5%	5%~30%	>30	盖度
长芒苋	Amaranthus palmeri Watson	<5%	5%~20%	>20	密度
刺苋	Amaranthus spinosus L.	<5%	5%~20%	>20	密度或频度
豚草	Ambrosia artemisiifolia L.	<5%	5%~15%	>15	密度或频度
三裂叶豚草	Ambrosia trifida L.	<3%	3%~10%	>10	密度或频度
少花蒺藜草	Cenchrus pauciflorus Bentham	<5%	5%~20%	>20	密度或频度
飞机草	Chromolaena odorata (L.) R. M. King & H. Rob. (=Eupatorium odoratum L.)	<5%	5%~30%	>30	密度或频度
凤眼莲	Eichhornia crassipes (Martius) Solms-Laubach	<10%	10%~30%	>30	盖度
黄顶菊	Flaveria bidentis (L.) Kuntze	<5%	5%~30%	>30	密度或频度
马缨丹	Lantana camara L.	<10%	10%~30%	>30	密度或盖度

续表

中文名	拉丁名	I级 轻度危害	II级 中度危害	III级 重度危害	备注
毒麦	*Lolium temulentum* L.	<3%	3%~10%	>10	密度
薇甘菊	*Mikania micrantha* Kunth ex H. K. B.	<3%	3%~20%	>20	盖度
银胶菊	*Parthenium hysterophorus* L.	<5%	5%~30%	>30	密度或频度
大薸	*Pistia stratiotes* L.	<5%	5%~15%	>15	盖度
假臭草	*Praxelis clematidea* (Griseb.) R. M. King et H. Rob. (=*Eupatorium catarium* Veldkamp)	<5%	5%~30%	>30	密度或频度
刺萼龙葵	*Solanum rostratum* Dunal	<5%	5%~20%	>20	密度或频度
加拿大一枝黄花	*Solidago canadensis* L.	<10%	10%~30%	>30	密度
假高粱	*Sorghum halepense* (L.) Pers.	<3%	3%~15%	>15	密度
互花米草	*Spartina alterniflora* Loiseleur	<10%	10%~40%	>40	盖度

数据来源：NY/T 1861—2010；NY/T 1862—2010；NY/T 1863—2010；NY/T 1864—2010；NY/T 1865—2010；NY/T 2530—2013；NY/T 2689—2015；NY/T 2688—2015；NY/T 3017—2016；NY/T 3076—2017。

附录 3

中国农林主要外来植物名录

附表 3　中国农林主要外来植物名录

序号	物种名称	别名	原产地	国内最早记录时间	国内分布	生境与主要危害
1	咖啡黄葵 [Abelmoschus esculentus (L.) Moench]	越南芝麻, 羊角豆, 糊麻, 黄秋葵	印度	20世纪初引入中国, 最早于1932年海南采集到该物种的标本	河北, 山东, 江苏, 浙江, 湖南, 湖北, 云南, 广东, 海南	适应性强, 目前主要以其嫩果作蔬菜食用, 危害性较小
2	苘麻 (Abutilon theophrasti Medicus)	椿麻, 塘麻, 孔麻, 青麻, 白麻, 桐麻, 磨盘草, 车轮草	印度	国内栽培已有2 000年历史, 100—121年编撰的《说文解字》中有记载	除西藏①外, 其他各省区市均有分布	生于路旁, 田野, 荒地或堤岸。主要危害玉米, 棉花, 豆类及蔬菜等农作物, 造成农作物减产
3	线叶金合欢 (Acacia decurrens Willd.)	绿荆, 黑荆树, 澳洲金合欢	澳大利亚	最早于1956年在广西采集到该物种的标本	福建, 广东, 广西②, 海南, 香港, 澳门	生于山地, 丘陵或阳坡地。产种量大, 具有较高的入侵性, 降低生物多样性
4	金合欢 [Acacia farnesiana (L.) Willd.]	鸭皂树, 刺球花, 消息花, 牛角花	美洲热带地区	1685年编撰的《台湾府志》记载于1645年由荷兰人引入台湾	浙江, 台湾, 广东, 海南, 云南, 四川, 江西, 福建, 广西, 重庆	多生于阳光充足, 土壤较肥沃, 疏松的植物园或栽在宅边。具有非常高的入侵性, 影响生物多样性, 在世界许多地区逸生为恶性入侵种
5	刺苞果 (Acanthospermum hispidum Candolle)	—	南美洲	最早于1956年在云南采集到该物种的标本	云南分布较广	生于平坡, 河边, 沟旁及荒地, 海拔350～1 900 m。常危害果园, 橡胶园, 苗圃及农田
6	皱稃草 (Ehrharta erecta Lam.)	矮象草	南非	1989年从美国引进广西	广东, 云南, 湖南	生于路边或荒地, 多样性。影响景观和生物

① 西藏自治区简称西藏, 全书同。

② 广西壮族自治区简称广西, 全书同。

续表

序号	物种名称	别名	原产地	国内最早记录时间	国内分布	生境与主要危害
7	节节麦 (*Aegilops tauschii* coss.)	粗山羊草	亚洲西部	最早于 1955 年在陕西采集到该物种的标本	河南、山东、河北、陕西、山西、江苏、安徽、新疆①、重庆	耐干旱，喜生于旱地或草地。对常用麦田除草剂具有一定的抗药性，为麦田重要杂草
8	美洲合萌 (*Aeschynomene americana* L.)	敏感合萌、美国合萌	美洲热带地区	1962 年在台湾发现	广东、海南、澳门、台湾	目前已逸生于胶林边缘、公路两侧，影响农业和林业生产
9	龙舌兰 (*Agave americana* L.)	龙舌掌、番麻、金边龙舌兰	美洲热带地区	最早于 1900 年在福建采集到该物种的标本	华南及西南各省区市常引种栽培	生于山坡、草地及灌木林，特别适应在干热河谷生长，在一些地方逸生，成为林下层主要植物，枝叶有毒性
10	紫茎泽兰 [*Ageratina adenophora* (Spreng.) R. M. King et H. Rob.]	解放草、马鹿草、破坏草、黑头草、大泽兰	墨西哥	大约 20 世纪 40 年代由中缅边境传入云南南部	西藏、四川、重庆、贵州、云南、湖北、湖南、广西、台湾	生于农田、牧草地或经济林地，甚至荒山、荒地、沟边、路边、岩石缝及砂砾堆。危害秋收粮作物、果树及茶树，侵占牧场，使优良牧草无力竞争而逐渐消失，牲畜误食会叶后引起腹泻及气喘，性畜误食及瘦果进入眼睛和鼻腔有毒，花粉及瘦果引起糜烂、流脓，甚至导致死亡

① 新疆维吾尔自治区简称新疆，全书同。

续表

序号	物种名称	别名	原产地	国内最早记录时间	国内分布	生境与主要危害
11	霍香蓟（*Ageratum conyzoides* L.）	胜红蓟	美洲热带地区	1917年在广东采集到该物种种的标本	在华南、东南、西南地区有栽培	生于山谷、林缘、河边、林下，农田、草地、田边和荒地。如玉米、甘蔗田，危害严重，是区域性的恶性杂草
12	熊耳草（*Ageratum houstonianum* Mill.）	心叶藿香蓟、紫花藿香蓟	墨西哥、危地马拉	最早于1908年在福建采集到该物种种的标本	黑龙江、云南、四川、贵州、山东、安徽、江苏、浙江、福建、广东、广西、海南、台湾	喜光充足的环境，不耐寒，过分潮湿或施氮肥过多则会开花不良。常危害旱田作物，对甘蔗、花生和大豆危害较大，对果园及橡胶园也能产生危害，在荒地及路边也常见到
13	麦仙翁（*Agrostemma githago* L.）	麦毒草	地中海	最早于1931年在黑龙江和北京采集到该物种种的标本	黑龙江、吉林、辽宁、内蒙古①、新疆、山东	为麦田等作物田的杂草。种子有毒，对人类、牲畜和家禽存在一定的危害
14	紫穗槐（*Amorpha fruticosa* L.）	苕条、棉条、椒条、紫槐、棉槐	北美洲	最早于1919年在上海植物园采集到该物种种的标本	东北、华北、西北、安徽、江苏、浙江、上海、湖北、湖南、广西、贵州、云南、四川等省市均有栽培	杂生于河岸、河堤、山坡、铁路沿线、耕地边及村道行道旁。栽培后逸生，发生量小，危害一般，影响本地物种多样性
15	阔荚合欢［*Albizia lebbeck* (L.) Benth.]	大叶合欢	非洲	最早于1924年在广东采集到该物种种的标本	广东、广西、台湾、福建、江苏、浙江、湖北、海南、云南、香港	常生于潮湿处岩石缝中，该种生长迅速，枝叶茂密，为良好的庭园观赏植物及行道树。危害性较小
16	匙叶莲子草（*Alternanthera paronychioides* A. St. -Hil.）	美洲虾钳菜、华莲子草	南美洲	最早于1931年在广东采集到该物种种的标本	澳门、广东、广西、海南、台湾、浙江	生于荒地、河堤及庭院。可作为家畜饲料，目前对我国危害性较小

① 内蒙古自治区简称内蒙古，全书同。

续表

序号	物种名称	别名	原产地	国内最早记录时间	国内分布	生境与主要危害
17	锦绣苋 [Alternanthera bettzickiana (Regel) G. Nicholson]	红莲子草、红节节草、红草、五色草	巴西	最早于1917年在广东采集到该物种的标本	广东、广西、江苏、重庆、四川、云南等省区市栽培	生于路边、农田、林下、草原或灌丛等。目前主要观赏栽培，危害较小
18	空心莲子草 [Alternanthera philoxeroides (Mart.) Griseb.]	水花生、喜旱莲子草、空心苋、长梗满天星、革命草	南美洲	1892年在上海附近岛屿出现	河北、山东、河南、安徽、浙江、上海、江西、福建、湖南、四川、重庆、广西、云南、广东、台湾、海南	生于池塘、沟渠、河滩湿地或浅水中，旱地、水田、果苗圃和住宅旁。主要危害水稻、棉花、蔬菜和果树，侵占水体、湖泊、堵塞河道、灌渠，严重影响农业、渔业和牧业的发展以及水上运输和人类健康
19	刺花莲子草 (Alternanthera pungens H. B. K.)	地雷草	中美洲	1957年在四川庐山首次采集到该物种的标本	福建、海南、香港、四川、云南	生于路边。其刺给人们带来伤害，并且对猪和羊有毒
20	药蜀葵 (Althaea officinalis L.)	—	欧洲	最早于1931年在新疆采集到该物种的标本	新疆、北京、江苏、云南、陕西	喜凉爽气候，具有药用价值，危害较小
21	合被苋 (Amaranthus polygonoides L.)	—	加勒比海地区，美国(南部至西南部)，墨西哥(东北部及尤卡坦半岛)	1979年在山东济南和泰安(泰山)采集到该物种的标本	北京、山东、安徽、广西、辽宁、河北	生于海拔500 m以下的路边、荒地、住宅边及田园。常危害草作物种子，带土苗木和草皮扩散，蔓延速度快
22	白苋 (Amaranthus albus L.)	绿苋菜、细枝苋	北美洲	1929年在天津塘沽采集到该物种的标本	黑龙江、吉林、辽宁、内蒙古、河北、河南、天津、山东、新疆	生于贫瘠干旱的沙质土壤，常见于旱田、休闲地、路边及荒地。危害农作物和牧草

续表

序号	物种名称	别名	原产地	国内最早记录时间	国内分布	生境与主要危害
23	北美苋 (*Amaranthus blitoides* S. Watson)	—	北美洲	最早于 1956 年在湖北采集到该物种的标本	辽宁、黑龙江、河北、内蒙古、湖北、上海、山西、安徽、山东	生于田野、路旁及荒地，常在贫瘠干旱的沙质土壤上生长，人侵农田，危害较小，嫩叶和茎可做饲料
24	凹头苋 (*Amaranthus blitum* L.)	野苋	美洲热带地区	1841—1846 年编撰的《植物实名图考》中有记载	除内蒙古、宁夏[1]、青海、西藏外国内广泛分布	生于较湿润而肥沃的农田、路旁和住宅边，为公园、路旁及荒地常见的杂草。大量生长可危害玉米和大豆等多种农作物的生长
25	尾穗苋 (*Amaranthus caudatus* L.)	老枪谷、籽粒苋	南美洲	清康熙年间著作《龙沙纪略》中记载黑龙江有栽培。最早于 1924 年在江苏采集到该物种和的标本	黑龙江、吉林、辽宁、内蒙古、河北、山西、陕西、河南、山东、安徽、江苏、浙江、江西、湖北、湖南、福建、广东、广西、海南、台湾、四川、重庆、贵州、云南、西藏、甘肃、宁夏、青海、新疆	生于路边、农田及山坡旷野。各地均有栽培，有时逸为野生。常危害蔬菜、果树及茶园
26	假刺苋 (*Amaranthus dubius* Mart. ex Thell.)	—	美洲热带地区，西印度群岛	最早于 2009 年在广东采集到该物种和的标本	河南、广东、安徽、浙江、福建、北京、海南	发生生境多数为海洋沿岸。其种子数量大，易繁殖，危害大

[1] 宁夏回族自治区简称宁夏，全书同。

续表

序号	物种名称	别名	原产地	国内最早记录时间	国内分布	生境与主要危害
27	绿穗苋 (*Amaranthus hybridus* L.)	—	中美洲至北美洲南部	Moquin Tandon 1848 年记录中国有分布，国内最早的标本保存于庐山标本馆，采集时间为 1922 年 4 月 30 日，具体采集地点不详，在随后几年采集的标本中，采集地包括贵州、湖北及浙江等省	陕西、河南、安徽、江苏、浙江、江西、湖南、湖北、四川、贵州	生于路边、荒地、山坡、荒地。常危害果园
28	千穗谷 (*Amaranthus hypochondriacus* L.)		墨西哥	最早于 1936 年在江苏采集到该物种的标本	北京、天津、河北、内蒙古、吉林、福建、湖北、重庆、四川、贵州、云南、西藏、陕西、甘肃、青海、新疆	生于山坡、农田及路边等。具有很强的耐旱性，适应性强，并且生长迅速。具有一定的入侵性
29	长芒苋 (*Amaranthus palmeri* S. Watson)	—	美国西部至墨西哥北部	1985 年 8 月首次在北京丰台区南苑槐房范庄子村和南苑食用油厂专用铁路旁采集到该物种的标本	北京、天津、山东、辽宁、江苏	生于旱地、菜地、路边、牧场及疏林下。为重要的农田杂草，可危害玉米、棉花、大豆、蔬菜和果树等农作物
30	繁穗苋 (*Amaranthus cruentus* L.)	老鸦谷、天雪米、鸦谷	南美洲	1935 年出版的《中国北部植物图志》第 4 卷中有记载	各地栽培或逸生。辽宁、北京、广东等省市较为多见	生于山坡、路旁、旷野、荒地、田边、沟旁及河岸等。为一般性杂草，主要危害旱田作物
31	鲍氏苋 (*Amaranthus powellii* S. Watson)	—	北美洲西南部、南美洲西部山区	目前只有 2017 年采集于山东的标本 1 例	辽宁、山东	常见于农田、铁路、路边、荒地、河边、湖边和溪流边，是峡谷和荒漠等地的先锋物种，具有很强的入侵性，很可能与农作物竞争影响农作物生长，并使得生物多样性降低

续表

序号	物种名称	别名	原产地	国内最早记录时间	国内分布	生境与主要危害
32	反枝苋（Amaranthus retroflexus L.）	西风谷、苋菜	北美洲	传入时间不详，1935年出版的《中国北部植物图志》第4卷中有记载	黑龙江、吉林、辽宁、北京、天津、内蒙古、河北、山西、陕西、河南、山东、江苏、上海、安徽、浙江、江西、湖北、湖南、福建、广东、广西、海南、台湾、四川、重庆、贵州、云南、西藏、甘肃、宁夏、青海、新疆	生于农田、路边及荒地。与农作物竞争氮源，主要危害棉花、豆类、花生、瓜类、薯类和蔬菜等多种秋熟旱地作物
33	刺苋（Amaranthus spinosus L.）	勒苋菜、野苋菜、猪母菜	美洲热带地区	1932年出版的《岭南采药录》中有记载	黑龙江、辽宁、河北、山西、陕西、河南、山东、江西、安徽、浙江、湖北、湖南、福建、广东、广西、海南、台湾、四川、重庆、贵州、云南、甘肃、新疆	生于秋熟旱地、路边和荒地。为蔬菜地主要杂草，局部地区危害较严重，叶可作蔬菜或饲料，根、茎与叶药用
34	苋（Amaranthus tricolor L.）	三色苋、老来少	印度	1403—1406年编撰的《救荒本草》中有记载	各省区市均有分布	生于农田、菜园、果园和路边等。通常栽培作蔬菜，有时逸为半野生，入侵其他作物田后，也可成为有害杂草，有些果园危害较重

续表

序号	物种名称	别名	原产地	国内最早记录时间	国内分布	生境与主要危害
35	绿苋 (*Amaranthus viridis* L.)	皱果苋	美洲热带地区	1864 年在台湾发现,1935 年出版的《中国北部植物图志》第 4 卷中有记载	黑龙江、吉林、辽宁、内蒙古、河北、山西、陕西、河南、山东、安徽、江苏、浙江、福建、广东、海南、台湾、重庆、甘肃	生于住宅旁、蔬菜地、路边及农田,为常见的住宅旁杂草,也危害蔬菜和秋熟旱地作物
36	豚草 (*Ambrosia artemisiifolia* L.)	艾叶、破布草、普通豚草、豕草	北美洲	1935 年发现于杭州	黑龙江、吉林、辽宁、北京、内蒙古、西藏、云南、贵州、河南、河北、山东、上海、安徽、江苏、江西、浙江、湖北、广西、广东、福建、新疆	生于荒地、路边、水沟旁、田块周围或农田,遮盖和压抑农作物,影响作物产量。花粉可引起人体过敏,哮喘和过敏性皮炎,对人类产生危害;植株具有化感作用,对伴生植物具有抑制作用
37	三裂叶豚草 (*Ambrosia trifida* L.)	大破布草、三裂豚草	北美洲	20 世纪 30 年代传入东北三省	黑龙江、吉林、辽宁、北京、内蒙古、河北、山东、湖北、浙江、湖南、江西、贵州、四川、新疆	生于荒地、路边、危害小麦、大麦、大豆及各种园艺作物,遮盖和压抑农作物,妨碍农事操作,影响作物产量。此外,该植物具有抑制根瘤菌的活动,花粉可引起人体过敏
38	牛舌草 (*Anchusa italica* Retz.)	—	可能为欧洲	最早于 1930 年在河北和北京采集到该物种的标本	北京、天津、陕西、新疆	生于平原绿洲、田野及路边。用于药材,危害性较小
39	穿心莲 [*Andrographis paniculata* (Burm. F.) Nees]	一见喜、榄核莲、印度草	印度、斯里兰卡	最早于 1924 年在广东采集到该物种的标本	福建、广东、云南、海南、广西,江苏、陕西见栽培,也有引种	可能为农田及环境杂草。常见大量栽培入药

续表

序号	物种名称	别名	原产地	国内最早记录时间	国内分布	生境与主要危害
40	落葵薯 [Anredera cordifolia (Ten.) Steenis]	川七、藤子三七、马地拉藤、落葵薯、洋落葵、田三七、藤本、藤三七、马德拉藤、藤七	南美洲	最早于1926年在江苏采集到该物种的标本	南方至华北地区有栽培，在江苏、浙江、福建、广东、四川、云南、重庆、贵州、湖南、广西、北京等省区市逸为野生	生于旱地、荒地、自然草地、草坪、果园、森林及公路两旁。严重危害本土植物，破坏生态环境。茎、叶和珠芽均可食用，全株可入药
41	田春黄菊 (Anthemis arvensis L.)	—	欧洲	1918年记载在山东青岛栽培	吉林、辽宁	生于田间、路边及铁路边。为路边杂草
42	春黄菊 (Anthemis tinctoria L.)	—	欧洲	最早于1935年在广西采集到该物种的标本	国内（北京等地）公园常有栽培	耐寒、耐半阴，适应性强，对土壤要求不严，一般土壤均可栽培
43	珊瑚藤 (Antigonon leptopus Hook. et Arn.)	紫苞藤、朝日藤	美洲热带地区	最早于1928年在广东采集到该物种的标本	江苏、福建、广东、广西、海南、云南、台湾、香港	生于庭院和路边，攀缘植物，使得生物多样性降低。栽培用于美化
44	细叶旱芹 [Cyclospermum leptophyllum (Pers.) Sprague ex Britton & P. Wilson]	细叶芹	南美洲	最早于1928年在上海采集到该物种的标本	云南、湖北、湖南、江苏、上海、浙江、福建、广东、广西、台湾、香港	生于田间、荒地，草坪或路旁。影响农作物正常生长
45	蔓花生 (Arachis duranensis Krap. & Greg.)	—	南美洲	最早于2011年在云南采集到该物种的标本	华南地区广泛种植	喜温暖湿润气候，易繁殖，生长快，栽培后非常有可能逸为野生，影响生态环境
46	蓟罂粟 (Argemone mexicana L.)	野鸦片、刺罂子	美洲热带地区	最早于1913年在云南采集到该物种的标本	福建、台湾、广东、海南、云南等省区有庭园栽培，或逸为野生：北京、河南等省市偶见栽培	生于庭院或路边荒地。为农田杂草

续表

序号	物种名称	别名	原产地	国内最早记录时间	国内分布	生境与主要危害
47	辣根 [Armoracia rusticana (Lam.) P. Gaertn. & Scherb.]	马萝卜	欧洲	最早发现于黑龙江，传入时间不详	黑龙江、吉林（长春市）、辽宁（鞍山市）、北京等省市有栽培	生于农田或荒野。目前国内危害较轻
48	燕麦草 [Arrhenatherum elatius (L.) Presl]	大鞭稍	西亚、北非、欧洲	20世纪50年代从俄罗斯、波兰等国引进	湖南、湖北、四川、贵州等省有栽培	生于路边、荒地及农田。栽培后逸生，入侵农田，影响农作物生长
49	马利筋 (Asclepias curassavica L.)	莲生桂子花、芳草花、金凤花	美洲热带地区	最早1920年在海南发现该物种的标本	江西、湖南、福建、四川、台湾、广东、广西、云南、贵州	生于路边、荒地及农田。全株有毒，可药用
50	文竹 (Asparagus setaceus (Kunth) Jessop)	—	非洲南部	最早于1922年在河南采集到该物种的标本	浙江、河南、广东、广西、陕西、重庆、四川、新疆、香港	生于公园等通风向阳的区域。主要用于观赏，危害性较小
51	夏威夷紫菀 [Aster sandwicensis (A. Gray) Hieron.] (新拟)	—	美国夏威夷	2009年在浙江普陀山发现	浙江	生于草丛或荒地。影响其他植物生长，使得生物多样性降低
52	钻叶紫菀 [Symphyotrichum subulatum (Michx.) G. L. Nesom]	—	北美洲	最早于1921年在浙江采集到该物种的标本	北京、天津、四川、重庆、贵州、云南、河北、安徽、江苏、湖北、江西、浙江、福建、广东、广西、台湾	生于河岸、沟边、洼地、路边或海岸，入侵农田危害棉花、大豆、甘薯和水稻等农作物，也常潜入浅水湿地，影响湿地生态系统及其景观
53	四翅滨藜 [Atriplex canescens (Pursh) Nutt.]	—	美国	最早于1930年在中国采集到该物种的标本	新疆、内蒙古	耐旱、耐盐。目前危害性较小
54	颠茄 (Atropa belladonna L.)	颠茄草	欧洲	最早于1936年江苏采集到该物种的标本	南北方药物种植场有引种栽培	适生于阳光充足且排灌方便的区域。目前主要为药用，危害较小

续表

序号	物种名称	别名	原产地	国内最早记录时间	国内分布	生境与主要危害
55	野燕麦（*Avena fatua* L.）	乌麦、铃铛麦	欧洲南部、地中海地区	该物种是世界性的恶性农田杂草，可能随进口小麦传入，19世纪中叶曾先后在香港和福州采集到该物种的标本	南北各省区市均有分布	生于荒田野或田间。危害麦类、玉米、高粱、马铃薯、大豆和胡麻等农作物；同时种子大量混杂于农作物内，降低农作物的产品质量
56	地毯草 ［*Axonopus compressus* (Sw.) Beauv.］	大叶油草	美洲热带地区	最早于 1926 年采集到该物种的标本，具体地点不详。1940年引入台湾栽培	云南、贵州、福建、广东、广西、海南、台湾、香港等各省区引种并逸生	生于海拔 800 m 以下的低山丘陵沟边、湿润的缓坡、开阔草地、果园及林下。逸生后蔓延迅速，排挤本土植物，成为农田和果园杂草，但危害较小
57	细叶满江红（*Azolla filiculoides* Lam.）	蕨状满江红、细绿萍	美洲	20 世纪 70 年代引进放养和推广利用	几乎遍布全国各地的水田	生于池塘、水田和水沟。水边、池塘和湖泊中常见杂草，覆盖河道，造成水下生物死亡，破坏水生生态系统。优良的绿肥和青绿饲料植物
58	阔叶丰花草（*Spermacoce alata* Aubl.）	四方骨草	南美洲热带地区	1937 年作为军马饲料植物引进到广东等地，最早于 1959 年在海南采集到该物种种的标本	广东、福建、海南、台湾、浙江、湖南、云南、广西	生于荒地、沟渠边、山坡路旁、田园和废墟、入侵茶园、桑园、果园、咖啡园、橡胶园以及花生、甘蔗、蔬菜等旱地，对花生的危害尤为严重
59	四季海棠（*Begonia cucullata* Willd.）	蚬肉海棠、四季海棠、秋海棠	巴西、阿根廷	最早于 1959 年在浙江采集到该物种种的标本	浙江、福建、广东、云南、上海、贵州、广西、江西、香港、湖南、北京	喜温暖、湿润和阳光充足的环境。目前主要用于观赏，危害较小

续表

序号	物种名称	别名	原产地	国内最早记录时间	国内分布	生境与主要危害
60	厚皮菜（Beta vulgaris var. cicla L.）	红菾菜、紫叶甜菜、红叶甜菜、红柄菾菜、紫菠菜、红色菾菜、牛皮菜、猪睡菜、海白菜、菾荙菜	欧洲	最早于1954年在广东采集到该物种的标本	长江流域及其以南地区有引种栽培	喜温，耐旱。生长迅速，容易与伴生植物争夺生长元素、生长氮源等生长元素，具有一定的入侵性
61	大狼耙草（Bidens frondosa L.）	一	北美洲	最早于1926年9月23日在江苏采集到该物种的标本	黑龙江、吉林、安徽、湖南、山东、江西、江苏、河北、吉林、辽宁	生于荒地、路边或沟边，低洼的水湿地和稻田田埂上生长更多。常入侵田中，但一般情况下发生量小，危害轻
62	鬼针草（Bidens pilosa L.）	三叶鬼针草	美洲热带地区	1857年在香港首次报道	辽宁、河北、陕西、江苏、安徽、福建、湖北、贵州、台湾、广东、四川、重庆	生于路边、林地、农田、草地、旱作物、住宅旁及菜园荒地。是常见的旱田、果园、桑园和茶园杂草，此外还是棉草。危害经济作物，等具有中间寄主。繁殖能力强，并具有化感作用，对伴生植物具有抑制作用
63	白花鬼针草 [Bidens alba (L.) DC.]	金杯银盏、金盏银盘	美洲热带地区	最早于1916年在台湾采集到该物种的标本	华东、中南、西南、西藏	生于村旁、路边及旷野及森林恢复。影响景观
64	玻璃苣（Borago officinalis L.）	琉璃苣、琉璃花	东地中海沿岸，小亚细亚的温带地区	最早于1936年在江苏采集到该物种的标本	甘肃、辽宁、江西、香港、江苏	喜温暖及阳光充足的环境，喜湿润，较耐热，不耐寒，对土壤适应性强，以疏松、肥沃的壤土为佳，适宜生长的温度15~26℃。主要用于观赏，目前危害较小

续表

序号	物种名称	别名	原产地	国内最早记录时间	国内分布	生境与主要危害
65	光叶子花（Bougainvillea glabra Choisy）	紫亚兰、紫三角、小叶九重葛、勒杜鹃、宝巾	巴西	最早于1922年在福建采集到该物种的标本	各地园林中有栽培，华南各地、福建、四川、云南等省有逸生	生于庭院、公园或温室。对生物多样性有潜在影响，但危害性小
66	叶子花（Bougainvillea spectabilis Willd.）	三角梅、三角花、九重葛、毛宝巾	巴西	大约在19世纪30年代才传入欧洲栽培，现在中国各地栽培。最早于1916年在台湾采集到该物种的标本	湖北、广东、福建、海南、广西、贵州、云南、江苏、浙江、台湾	生于庭院、路边及山坡，可逃逸野生，对生物多样性有潜在影响，并且茎叶有毒
67	䅟状臂形草（Brachiaria brizantha Stapf）	旗草	非洲	—	海南、广东、广西等省区已引种栽培	优良的放牧型牧草，可刈割、晒制干草，调制青储饲料；很好的水土保持植物。目前危害性较小
68	巴拉草 [Brachiaria mutica (Forsk.) Stapf]	钝叶臂形草	西非	1964年引入海南试种	广西、广东、台湾	生于荒草地或河边湿地，危害较轻，但该植物生长迅速，常形成单种优势种群落，应注意监测及扩散动向
69	银鳞茅（Briza minor L.）	—	欧洲	最早于1905年在福建采集到该物种的标本	福建、台湾、江苏、浙江、贵州	一些地区逸生，对生态环境具有一定的入侵性
70	扁穗雀麦（Bromus catharticus Vahl.）	—	阿根廷	最早于20世纪40年代在南京种植	北京、内蒙古、新疆、青海、甘肃、陕西、四川、贵州、云南、江苏、广西	为农田、路边和草场的杂草，也是一些作物病虫的宿主
71	[Brunfelsia brasiliensis (Spreng.) L. B. Smith et Downs] 鸳鸯茉莉	二色茉莉、番茉莉、双色茉莉	巴西	最早于1964年在广西采集到该物种的标本	在南方地区多有栽培	喜光、耐半阴、耐高温，栽培于公园等环境。危害性较小

续表

序号	物种名称	别名	原产地	国内最早记录时间	国内分布	生境与主要危害
72	大叶落地生根 (*Kalanchoe daigremontiana* Raym. -Hamet & H. Perrier)	一	马达加斯加	最早于1989年在广东采集到物种的标本	现于多个省区市引种栽培	生于砂岩和石灰岩地的树林中，喜温暖和阴光充足的环境。多用于栽培，目前危害较小，但其强大的繁殖力具有一定的入侵性
73	棒叶落地生根 [*Kalanchoe delagoensis* (Eckl. & Zeyh.) Druce]	洋吊钟	马达加斯加	最早于1954年在广东广州中山大学苗圃采集到该物种的标本	安徽、上海、广东	生于草地、荒地、路边、绿化带、开阔的林地或河堤。扩散能力极强，危害当地生态影响原生植物生长，危害和生物多样性。该植物对人和平衡动物具有剧烈的毒性
74	落地生根 [*Bryophyllum pinnatum* (L.f.) Oken]	灯笼花	马达加斯加	1861年在香港被记载，最早于1918年在福建采集到该物种的标本	广东、广西、福建、台湾、海南、云南	生于山坡、沟边及路旁的草地上。该植物对各地温室和庭园常栽培，有害气体具有净化作用，但对生物多样性具有一定影响
75	野牛草 [*Buchloe dactyloides* (Nutt.) Engelm.]	水牛草	美国、墨西哥	20世纪40年代，野牛草作为水土保持植物引入	在甘肃首先试种，随后在西北、华北及东北广泛种植	生于路边、草场、草坪及旱地。有匍匐枝可覆盖地面，覆盖度97%。耐寒、耐旱、耐践踏
76	水盾草 (*Cabomba caroliniana* A. Gray)	绿菊花草、竹节水松	南美洲	最早于1998年在江苏采集到该物种的标本	江苏、上海、浙江、山东等省市	生于河流、湖边、运河和渠道。死亡后腐烂耗氧，对渔业造成危害
77	木豆 [*Cajanus cajan* (L.) Millsp.]	三叶豆	可能为印度	1939年采集到该物种的标本，具体地点不详	云南、四川、江西、湖南、广西、广东、海南、浙江、福建、台湾、江苏	喜温，耐旱，耐贫瘠。具有药用等应用价值。目前危害较小

续表

序号	物种名称	别名	原产地	国内最早记录时间	国内分布	生境与主要危害
78	金盏花 （*Calendula officinalis* L.）	金盏菊、盏盏菊	欧洲	18世纪后从国外传入，清代乾隆年间上海郊区已见批量金盏花种植	北京、天津、河北、山西、辽宁、黑龙江、上海、江苏、浙江、福建、江西、河南、湖北、湖南、广州、云南、四川、贵西、甘肃、西藏、山西、甘肃、青海、宁夏、新疆、香港	观赏花卉。有可能逸生，但目前危害较小
79	毛蔓豆 （*Calopogonium mucunoides* Desv.）	米兰豆、压草藤	美洲热带地区	1925年采集到该物种的标本，具体地点不详；而后于1952年在广东采集到该物种的标本	云南、广东、广西、海南、台湾	在多地逸为野生，影响其他植物生长，降低农作物产量，降低生物多样性
80	美人蕉 （*Canna indica* L.）	蕉芋	印度	最早于1919年采集到该物种的标本，地点不详；而后于1922年在福建采集到该物种的标本	天津、山西、浙江、福建、江苏、江西、山东、湖南、广东、广西、海南、重庆、四川、贵州、云南、山西	观赏花卉，危害较小
81	紫叶美人蕉 （*Canna warscewiczii* A. Dietr.）	—	南美洲热带地区	最早于1959年在重庆采集到该物种的标本	重庆	观赏花卉，危害较小
82	大麻 （*Cannabis sativa* L.）	线麻、火麻、野麻、胡麻	中亚、锡金、不丹、印度	最早于1910年在浙江采集到该物种的样本	各省区市有栽培或沦为野生，新疆常见野生	为田间常见杂草，各地均有栽培，常逸为野生，成为旱地野生杂草，危害玉米及大豆，但发生量相对较小，危害轻

续表

序号	物种名称	别名	原产地	国内最早记录时间	国内分布	生境与主要危害
83	荠 [Capsella bursa-pastoris (Linn.) Medic.]	荠菜、菱角菜	欧洲，西亚	最早于1906年在北京采集到该物种的标本	各省区市均有分布	生于山坡、田边及路旁。具有经济价值与药用价值，具有一定的入侵性，但目前危害性较小
84	弯曲碎米荠 (Cardamine flexuosa With.)	高山碎米荠、卵叶弯曲碎米荠、柔弯曲碎米荠、峨眉碎米荠	欧洲	最早于1917年安徽采集到该物种的标本	各省区市均有分布	生于田边、路旁及草地等。作物减产，降低生物多样性
85	光叶决明 [Senna septemtrionalis (Viv.) H. S. Irwin & Barneby]	平滑决明、光决明、怀花米	美洲热带地区	始载于《广州植物志》中，中山大学校园内有栽培。最早于1934年在广西和广东采集到该物种的标本	云南、广东、广西、海南	常栽培于庭院，也归化于海拔200~1 900 m的林缘、荒地或路旁。可栽培供欣赏，因种子繁殖而逸生，在少数地方则发展为优势种群，影响当地生物多样性
86	含羞草决明 [Cassia mimosoides (L.) Greene]	山扁豆、梦草	美洲热带地区	20世纪中叶传入	贵州、云南、江西、福建、广东、广西、海南、台湾	生于农田、路边、旷野、山坡、林缘、果园及苗圃。农田、路边和草场杂草
87	望江南 [Senna occidentalis (L.) Link]	黎茶、羊角豆、狗屎豆、野扁豆	美洲热带地区	16世纪引入华南地区栽培。最早于1963年在江苏采集到该物种的标本	河北、山东、江苏、福建、广西、台湾、云南、重庆	生于路边、山坡、河边，旷野或灌木林或疏林中。园林杂草，全株可药用
88	决明 [Senna tora (L.) Roxb.]	马蹄决明、假绿豆、假花生、草决明	美洲热带地区	最早可以追溯到16世纪，《本草纲目》中有记载，在陕西等地已经普遍栽培。最早于1963年在江苏采集到该物种的标本	河北、山东、安徽、江苏、浙江、广东、福建、台湾、海南、云南	生于山坡、河边、果园、苗圃及农田。路边杂草

续表

序号	物种名称	别名	原产地	国内最早记录时间	国内分布	生境与主要危害
89	槐叶决明 [Senna sophera (L.) Roxb]	茳芒决明	亚洲热带地区	最早于 1930 年在广东采集到该物种的标本	中部、东南部、南部及西南部各省区市均有分布，北部分省区市有栽培	多生于山坡和路旁。观赏花卉，危害较小
90	长穗决明 [Senna didymobotrya (Fresen.) H. S. Irwin et Bonueby]	—	非洲	最早于 1961 年在海南采集到该物种的标本	云南、海南	生于路边或山坡。为栽培物种
91	木麻黄 (Casuarina equisetifolia L.)	马尾树、短枝木麻黄、驳骨树	大洋洲	最早于 1922 年在福建采集到该物种的标本	广西、广东、福建、台湾、江西、海南、重庆、四川、云南、香港、澳门	生长期间喜高温多湿，适生于海岸的疏松沙地。生长迅速，萌芽力强，存在一定的入侵性
92	长春花 [Catharanthus roseus (L.) G. Don]	日日春、四时春、日日草	非洲东部	最早于 1913 年云南采集到该物种的标本	栽培于西南、中南及华东等省区市	用于观赏
93	鸡冠花 (Celosia cristata L.)	青葙	美洲热带地区	最早于 1917 年在广东采集到该物种的标本	南北各省区市均有栽培，广布于温暖地区	在公园等地栽培，用于观赏。目前危害较小
94	蒺藜草 (Cenchrus echinatus L.)	—	美洲热带地区*	1934 年在台湾采集到该物种的标本	云南、福建、广东、广西、海南、台湾、香港	生于荒地、牧场、路旁、草地、沙丘、河岸和海滨沙地。为花生和甘薯等多种农作物和果园的一种严重杂草，使得农作物减产；同时芒刺伤人和动物的皮肤，其刺苞可混在饲料或牧草里能刺伤动物的眼睛、口腔和食道

* 也有文献记录为本土物种。

续表

序号	物种名称	别名	原产地	国内最早记录时间	国内分布	生境与主要危害
95	少花蒺藜草 (Cenchrus spinifex Cav.)	疏花蒺藜草、光梗蒺藜草、草狗子、草蒺藜	北美洲、热带沿海地区	1990年出版的《中国植物志》第10卷第1分册中有记载	辽宁、吉林、北京、内蒙古	比较适于沙质土壤，耐旱、耐瘠薄，抗病虫害，抗寒；生于侵染区高燥干旱沙质土壤的丘陵、沙岗、堤坝、道路、撂荒地、林间空地甚至农田，形成点状、带状或片状分布
96	小藜 (Chenopodium ficifolium Smith)	灰菜	欧洲	最早于1926年在福建采集到该物种的标本	除西藏未见本种外，各省区市都有分布	为普通田间杂草，有时也生于荒地、道旁或垃圾堆等。与农作物竞争生长资源，造成农作物减产；也是病虫害的传播者；生长发育快，适应性强，使生物多样性降低；防除需要耗费大量的人力和物力
97	蓝花矢车菊 (Cyanus segetum Hill)	蓝芙蓉、翠兰、荔枝菊、矢车菊	欧洲东南部至西亚	最早于1910年在湖南采集到该物种的标本	新疆、青海、甘肃、陕西、河北、山东、江苏、湖北、广东及西藏等省区在公园、花园及校园普遍栽培	生于草原、荒地或路边。一般性杂草，发生量少，危害轻
98	铺散矢车菊 (Centaurea diffusa Lam.)	—	西亚、欧洲	最早于1964年在辽宁采集到该物种的标本	辽宁等省	生于海拔100 m的地区，见于山坡，目前已由人工引种栽培。较耐寒，喜冷凉。发生量少，危害较小
99	距瓣豆 (Centrosema pubescens Benth.)	蝴蝶豆、山珠豆	美洲热带地区	1957年引入广东	广东、海南、台湾、江苏、云南	生于路边或农田，侵占栖息地，影响原生植物生长，危害当地生态平衡和生物多样性。可作为优良牧草

续表

序号	物种名称	别名	原产地	国内最早记录时间	国内分布	生境与主要危害
100	球序卷耳（Cerastium glomeratum Thuill.）	圆序卷耳、婆婆指甲菜	欧洲	最早于1903年采集到该物种的标本，具体时间不详，而后于1909年在安徽采集到该物种的标本	山西、上海、江苏、浙江、安徽、福建、江西、河南、湖北、广西、广东、四川、贵州、云南、西藏、台湾	生于山坡草地。目前拥有药用等价值，危害程度较小
101	夜香树（Cestrum nocturnum L.）	夜来香、夜丁香、夜香木、洋素馨	美洲	最早于1917年在广东采集到该物种的标本	福建、广东、广西、云南、湖南、海南、四川、贵州、台湾	喜温暖湿润和向阳通风的环境，适应性强。布置于庭院、亭畔、塘边和窗前。可能抑制其他植物的生长，使得生物多样性降低
102	细叶芹（Chaerophyllum villosum DC.）	香叶芹	加勒比海多米尼加岛	20世纪初在香港发现	河北、山东、安徽、江苏、上海、浙江、福建、广东、广西、重庆、海南	生于田野荒地、路旁、草坪及荒地。常见的农田、草坪及苗圃等杂草，影响农作物的正常生长
103	杖藜（Chenopodium giganteum D. Don）	红盐菜	印度	最早于1927年在贵州采集到该物种的标本	辽宁、浙江、江西、河南、湖北、湖南、广西、重庆、四川、云南、陕西、甘肃	本物种为栽培种，可作为粮食和蔬菜，但有些地方已经逸为野生状态，对生物多样性具有一定的入侵性
104	灰绿藜（Chenopodium glaucum L.）	—	不详	最早于1905年在北京采集到该物种的标本	除台湾、福建、广东、广西、云南外，其他各省区市都有分布	生于农田、菜园、住宅旁或水边等有轻度盐碱的土壤上。降低农作物产量，影响生物多样性

续表

序号	物种名称	别名	原产地	国内最早记录时间	国内分布	生境与主要危害
105	杂配藜（Chenopodium hybridum L.）	血见愁、大叶藜	欧洲、西亚	1864年在河北承德发现	黑龙江、吉林、辽宁、内蒙古、河北、北京、山东、山西、陕西、浙江、宁夏、甘肃、湖北、四川、重庆、云南、青海、西藏、新疆	生于林缘、山坡灌丛、沟沿、旷野及荒地。为农田和果园常见杂草，降低农作物产量
106	铺地藜（Chenopodium pumilio R. Brown）	—	澳大利亚	最早于2007年在河南采集到该物种的标本	北京、山东、河南	目前危害性较小
107	非洲虎尾草（Chloris gayana Kunth）	盖氏虎尾草、无芒虎尾草	非洲	最早于1956年在广东采集到该物种的标本	北京、天津、广东	生于降水量750~1 259 mm的地区，耐旱，但耐寒性较弱，具有一定的入侵性
108	虎尾草（Chloris virgata Sw.）	—	非洲	最早于1910年在河北和辽宁采集到该物种的标本	各省区市均有分布	多生于路旁荒野、河岸沙地、土墙及房顶上。影响景观，降低生物多样性，可用于饲料
109	小菊蒿（Chrysanthemum carinatum Schousb.）	蒿子秆、花环菊	摩洛哥	传入时间不详	黑龙江、吉林、辽宁、内蒙古	一般性杂草。观赏植物，可作为蔬菜，也可作为路边花坛和畅花
110	菊苣（Cichorium intybus L.）	蓝花菊苣	欧洲	1918年记载山东青岛有栽培。最早于1930年在北京采集到该物种的标本	辽宁、河北、陕西、河南、山东、安徽、新疆	生于荒地、河边、水沟边、大草原及坡地。路边常见杂草，影响景观
111	蝶豆（Clitoria ternatea L.）	蝴蝶花豆、蓝花豆、蓝蝴蝶、蝴蝶豆	印度	1956年《广州植物志》中有记载	浙江、福建、江西、广东、广西、海南、云南、台湾、香港	喜温暖、湿润的环境。耐半阴、畏霜冻。在排水良好、疏松及肥沃土壤中生长良好。观赏植物

续表

序号	物种名称	别名	原产地	国内最早记录时间	国内分布	生境与主要危害
112	君子兰（Clivia miniata Regel Gartenfl.）	大花君子兰、和尚君子兰	非洲南部	最早于1958年在云南采集到该物种的标本	温室常盆栽供观赏。分株繁殖	大多数为观赏植物，路边、温室及庭院等自然生境。自然偶见逸逸
113	金凤花（Impatiens cyathiflora Hook. f.）	蛱蝶花、黄蝴蝶、洋金凤	西印度群岛	最早于1933年在云南采集到该物种的标本	云南、广西、广东、台湾	属于热带植物，喜高温、高湿的气候环境。有价值的观赏花卉
114	紫鸭跖草[Tradescantia pallida (Rose) D. R. Hunt]	紫竹梅、紫锦草	墨西哥	最早于1979年在重庆采集到该物种的标本，目前所存有标本也多采集于重庆	各省区市都有栽培	喜温暖、湿润，不耐寒，耐干旱，具有较高的观赏价值，目前危害较小
115	飞燕草[Consolida ajacis (L.) Schur]	鸽子花、鸡爪连、千鸟草	南欧、西亚	最早于1922年在广东采集到该物种的样本	各省区市都有栽培	较耐寒，喜阳光，怕暑热，忌积涝，适宜在深厚肥沃的砂质土壤上生长
116	苏门白酒草（Erigeron sumatrensis Retz.）	苏门白酒草	南美洲	19世纪中期传入中国	河南、山东、江苏、江西、安徽、浙江、湖北、湖南、广东、海南、福建、台湾、四川、重庆、云南、贵州、西藏	生于荒地、路旁、山坡、果园、林地、农田和草地，入侵后会给当地农业、林业、畜牧业及生态环境带来极大的危害，使得农作物减产，降低生物多样性
117	黄麻（Corchorus capsularis L.）	—	亚洲热带地区	于1924年在福建采集到该物种的标本	现于长江以南各地广泛栽培，也见于荒野呈野生状态	喜温暖湿润的气候，旱田种植，也于坡下平地种植。目前危害性较小
118	金鸡菊[Coreopsis basalis (A. Dietr.) S. F. Blake]	多花金鸡菊	北美洲	最早在云南采集到该物种的标本	各地公园和庭院常见栽培。观赏植物	生于路边和庭院。生物多样性降低，对景观具有负面影响

续表

序号	物种名称	别名	原产地	国内最早记录时间	国内分布	生境与主要危害
119	大花金鸡菊 (Coreopsis grandiflora Hogg.)	大花波斯菊	美国	最早于1932年在山东采集到该物种的标本	山东、云南、湖南	生于路边和荒野。对景观具有负面影响
120	线叶金鸡菊 (Coreopsis lanceolata L.)	剑叶金鸡菊、大金鸡菊	北美洲	引种到华东地区而逸生，最早于1909年在上海采集到该物种的标本	安徽、江苏、浙江、福建、江西、贵州、重庆、湖南、河南	生于荒野和草坡。局部发生危害
121	两色金鸡菊 (Coreopsis tinctoria Nutt.)	蛇目菊、雪菊、天山雪菊	美国	最早于1901年在海南采集到该物种的标本	北京、辽宁、黑龙江、江苏、浙江、福建、江西、山东、湖北、湖南、海南、广东、广西、贵州、陕西、新疆、重庆、台湾	生于路边和荒野。局部发生危害
122	绣球小冠花 (Coronilla varia L.)	多变小冠花、变异小冠花、小冠花	欧洲地中海地区	最早的标本见于1924年辽宁大连	北京、辽宁、陕西、江苏、新疆	生于农田、草地及山林，攀缘植物，生长较旺盛，易形成单优种群，影响生物多样性
123	臭荠 [Coronopus didymus (L.) Sm.]	臭独行菜、荥芥、臭滨芥	欧洲	最早于1912年采集到该物种和的标本，而后于1918年在江苏采集到该物种的标本	山东、河南、安徽、江苏、浙江、江西、湖北、福建、台湾、广东、四川、重庆、云南	生于路旁、荒地、旱作物田及果园。与小麦、玉米和大豆等农作物以及草坪中的杂草竞争，影响农作物与草坪的生长
124	蒲苇 [Cortaderia selloana (Schult.) Aschers. et Graebn.]	—	乌拉圭蒙得维的亚	最早于1956年在江苏采集到该物种的标本	浙江、上海、江苏和北京等公园有引种	在公园等地栽培，观赏花卉，但具有一定的入侵性

续表

序号	物种名称	别名	原产地	国内最早记录时间	国内分布	生境与主要危害
125	秋英（Cosmos bipinnatus Cav.）	格桑花、扫地梅、波斯菊、大波斯菊、秋樱	墨西哥、美国西南部	1918年出版的《植物学大辞典》中有记载。最早于1919年采集到该物种的标本,采集地点不详,而后于1931年在广东采集到该物种的标本	黑龙江、吉林、辽宁、北京、河北、天津、江苏、重庆、四川、云南	为栽培花卉,常逸生于路旁、田埂和溪边,对森林恢复和植物种多样性有一定危害,但危害不大
126	黄秋英（Cosmos sulphurens Cav.）	硫黄菊、硫华菊、黄波斯菊	墨西哥	最早于1922年在福建采集到该物种的标本	浙江、福建、台湾、四川、贵州、云南、重庆	生于荒野、草坡及庭院。观赏植物,逸生杂草
127	屋根草（Crepis tectorum L.）	还阳参	欧洲	最早于1925年在黑龙江采集到该物种的标本	黑龙江、吉林、内蒙古、新疆	生于山地林缘、河谷草地、田间或撂荒地,海拔900~1800 m。具有一定的入侵性,排挤本地物种生长
128	圆叶猪屎豆（Crotalaria incana L.）	佰春野百合、猪屎青	美洲	最早于1952年在江苏采集到该物种的标本	江苏、安徽、浙江、台湾、广东、广西、云南、湖北	具有一定的入侵性,排挤本地物种生长。为赤霉病菌和采豆普通花叶病毒的宿主。生于旷野荒地及田园路旁
129	菽麻（Crotalaria juncea L.）	太阳麻、印度麻	印度	19世纪末在台湾采集到该物种的标本。福建于1940年开始种植	福建、台湾、广东、广西、四川、江苏、山东、湖北、陕西、云南、天津	生于路旁、荒野及山坡疏林中,海拔50~2000 m。具有一定的入侵性,排挤本地物种生长
130	长果猪屎豆（Crotalaria lanceolata E. Mey.）	长叶猪屎豆	南美洲	最早于1936年在广东采集到该物种的标本。20世纪中叶开始在华南和云南等地引种栽培	福建、台湾、广东、云南	生于田园路旁及荒山草地。常逸生为杂草,影响山地原生植被和生物多样性

续表

序号	物种名称	别名	原产地	国内最早记录时间	国内分布	生境与主要危害
131	三尖叶猪屎豆（Crotalaria micans L.）	美洲野百合、黄野百合	美洲	1910年引入台湾，在华南栽培逸生	福建、台湾、广东、海南、广西、湖北、云南	生于海拔50~1 000 m的地区，见于路边荒地及山坡草丛中。具有较高的入侵性从而排挤本地物种的生长
132	狭叶猪屎豆（Crotalaria ochroleuca G. Don）	条叶猪屎豆、铁线叶猪屎豆	非洲	最早于1952年在广东采集到该物种的标本	现栽培或逸生于浙江、广东、海南及广西	生于荒地薄土密阴干燥处，常逸生为杂草，影响山地原生植被和生物多样性
133	猪屎豆（Crotalaria pallida Ait.）	黄野百合、响铃草、野百合	可能为非洲	最早于1919年在海南采集到该物种的标本	浙江、安徽、福建、山东、湖北、广东、湖南、广西、海南、四川、云南、台湾、香港、澳门	生于荒山和草地。沙质土壤中生长较好。海拔100~1 000 m。具有较高的入侵性，排挤本地物种，降低生物多样性
134	光萼猪屎豆（Crotalaria trichotoma Bojer）	南美猪屎豆、光萼野百合、光萼响铃豆、南美响铃豆	南美洲	1931年在台湾开始有记录	福建、台湾、湖南、广东、海南、广西、四川、云南	生于田间、路边及荒山草地，海拔100~1 000 m。可药用，具有较高的种物繁殖力强，和危害风险
135	蔓柳穿鱼（Cymbalaria muralis P. Gaertn., & B. Mey. et Scherb.）	梅花草、小兔子花、常春藤柳穿鱼、铙钹花	欧洲	最早于1979年在江西采集到该物种的标本	全国广泛引种	生于多阴的岩隙和林地。可做岩石园和墙壁观赏植物，危害较小
136	油莎草（Cyperus esculentus L.）	铁荸荠、洋地栗、油莎豆、黄香附、假香附、黄土香、三棱草	北非，地中海沿岸一带	1952年从苏联引进	各省区市均有分布	生于低湿地及洛灌条件较好的旱地、荒地及休闲田中也有。旱地作物的恶性杂草之一，影响农作物产量。还是多种病、虫的寄主
137	旱伞草（Cyperus involucratus Rotb.）	风车草	东非，阿拉伯半岛	最早于1916年在广东采集到该物种的标本	南北各省区市均见栽培，作为观赏植物	生于森林、湖泊及沼泽。影响生物多样性，给当地环境带来病害或害

续表

序号	物种名称	别名	原产地	国内最早记录时间	国内分布	生境与主要危害
138	香附子（Cyperus rotundus L.）	香附子、香头草、梭梭草、金门莎草	可能为印度	1905年在福建采集到该物种的标本	几乎分布于各省区市	生于山坡、荒地、草丛及水边潮湿处。具有药用价值
139	苏里南莎草（Cyperus surinamensis Rottboll）	一	美洲	2009年在广东采集到该物种的标本	广东、福建、江西、澳门	危害性比较小
140	大丽花（Dahlia pinnata Cav.）	大理花、大丽菊、地瓜花、洋芍药、苕菊、大理菊、西番莲、天竺牡丹、苕花	墨西哥	1929年在广东采集到该物种的标本	北京、山西、上海、辽宁、江苏、浙江、安徽、福建、江西、山东、河南、湖北、湖南、广东、广西、重庆、四川、贵州、云南、西藏、甘肃、青海、新疆	栽培种，在多个地区逸生。影响其他植物生长，降低生物多样性
141	毛曼陀罗（Datura inoxia Mill.）	软刺曼陀罗、毛花曼陀罗、北洋金花	美国、墨西哥	1905年10月15日在北京玉泉山采集到该物种的标本	辽宁、北京、河北、河南、山东、甘肃、新疆、江苏、上海、湖北	生于路旁和住宅旁等土壤肥沃疏松处。为旱地和住宅旁杂草，也发生于荒野，影响景观。对牲畜有毒
142	洋金花（Datura metel L.）	白花曼陀罗、白曼陀罗	印度	《本草纲目》中有记载。最早见于1907年在福建采集到该物种的标本	黑龙江、吉林、辽宁、河北、山西、河南、陕西、甘肃、青海、新疆、安徽、江苏、福建、四川、重庆、云南、西藏	生于向阳的山坡草地或住宅旁。常见杂草。可药用

续表

序号	物种名称	别名	原产地	国内最早记录时间	国内分布	生境与主要危害
143	曼陀罗 (*Datura stramonium* L.)	土木特张姑、沙斯哈我那、莫斯哈塔肯、醉心花、闹羊花、野麻子、万桃花、狗核桃、枫茄花、醉仙桃	墨西哥	1593年《本草纲目》中有记载作为药用植物引入	各省区市均有分布	生于荒地、旱地、住宅旁、向阳山坡、林缘及草地、为宅地、路旁，或入侵林缘、苗圃杂草。全株含生物碱，对人类、家畜、鱼类和鸟类有剧烈的毒性，其中果实和种子毒性较大
144	野胡萝卜 (*Daucus carota* L.)	一	欧洲	1992年在河南采集到该物种的标本	各省区市均有分布	生于荒地、路旁、山坡、果园及农田。为桑园和茶园主要杂草之一，抑制其他植物的生长，降低农作物产量，影响生物多样性
145	毛鱼藤 [*Paraderris elliptica* (Wall.) Adema]	南亚鱼藤、毒鱼藤	南亚	1953年在广东采集到该物种的标本	湖南、广东、广西	喜高温多湿的气候，具有药用价值，危害性较小
146	合欢草 [*Desmanthus pernambucanus* (L.) Thell.]	多枝合欢豆	加勒比海地区，巴西东北部	最早于1963年在广东采集到该物种的标本	广东南部、云南南部有引种	生于道路、公路边潮湿的侧沟，废弃的牧场、灌木丛边及海拔0~1 500 m的沼泽边。具有一定的入侵性
147	南美山蚂蝗 [*Desmodium tortuosum* (Sw.) DC.]	扭荚山绿豆、逢人打、扁草子	南美洲，印度西部	最早于1930年在广东采集到该物种的标本	广东	生于森林、草地、路边、果园及茶园。具有入侵性，谨慎引种，防止失控
148	毛地黄 (*Digitalis purpurea* L.)	洋地黄、自由钟、指顶花、金钟、心脏草	欧洲	1935年在贵州采集到该物种的标本	各省区市都有栽培	喜阴且耐阴，适宜在湿润而排水良好的土壤上生长。具有药用价值，全株有毒
149	二行芥 [*Diplotaxis muralis* (L.) DC.]	双壁芥	欧洲	最早的标本采集于1907年，采集地点不详	辽宁	生于海边草地、荒地、农田、墙头及石灰岩。在野外逸生为杂草，危害较轻

续表

序号	物种名称	别名	原产地	国内最早记录时间	国内分布	生境与主要危害
150	假连翘（Duranta erecta L.）	金露华、金露花、篱笆树、洋刺、墙刺、蕃仔刺、莲荞	美洲热带地区	明末由西班牙人引入台湾，1928年在四川采集到该物种的标本	福建、广东、广西、海南、台湾、云南、四川、山西	生于路边和荒地。环境杂草，可入侵花园、果园，森林以及农田，具有一定的入侵性
151	土荆芥 [Dysphania ambrosioides (L.) Mosyakin & Clemants]	杀虫芥、臭草、鹅脚草	美洲	1864年在台湾采集到该物种的标本	安徽、江苏、浙江、江西、湖北、福建、广西、广东、海南、四川、上海、湖南、台湾、重庆	生于路旁和荒野，是路边常见杂草，对生境要求不严，极易扩散。同时是常见的花粉过敏源
152	鳢肠（Eclipta prostrata L.）	凉粉草、墨汁草、墨旱莲、旱莲草、万红、黑墨草	热带和亚热带地区*	1902年在湖南采集到该物种的标本	各省市均有分布	生于河边、田边或路旁。入侵农务，影响农作物生长，尤其是夏大豆田中的恶性杂草
153	水蕴草（Egeria densa Planchon）	阿根延蜈蚣草、蜈蚣草	美洲	1932年在浙江采集到该物种的标本	浙江	生于湖泊和河流等水生环境。后期生长繁殖剧增，种群优势突出，严重者改变水域生态环境，干扰水域物种多样性
154	凤眼莲 [Eichhornia crassipes (Mart.) Solms]	凤眼蓝、水葫芦、水浮莲	巴西	1901年从日本引入台湾作花卉，20世纪50年代作为猪饲料推广后逸生	安徽、江苏、上海、浙江、江西、湖北、湖南、福建、广东、广西、海南、台湾、重庆、四川、贵州、云南	生于水库、湖泊、池塘、沟渠、河道，沼泽地或稻田。其生长覆盖时间内覆盖水面，能在较短时间内繁殖迅速，影响航运，堵塞河道，破坏水生生态系统，排灌和水产养殖；威胁本地生物多样性
155	沙枣（Elaeagnus angustifolia L.）	银柳、桂香柳、刺刺柳、七里香	亚洲，地中海沿岸	1909年在辽宁采集到该物种的标本	西北各省区、内蒙古西部	生于山地、平原、沙滩或荒漠。危害性较小

* 也有文献记录为本土物种。

续表

序号	物种名称	别名	原产地	国内最早记录时间	国内分布	生境与主要危害
156	地胆草 (Elephantopus scaber L.)	鹿耳草、磨地胆、地胆头、苦地胆	澳大利亚	1932年在台湾采集到该物种的标本	浙江、江西、福建、台湾、湖南、广东、广西、贵州、云南	生于开阔山坡、路旁或山谷林缘
157	白花地胆草 (Elephantopus tomentosus L.)	牛舌草	北美洲	1930年在广东采集到该物种的标本	福建、台湾、广东	生于山坡旷野，路边或灌丛
158	弯穗草 [Dinebra retroflexa (Vahl) Panz.]	—	非洲，印度	1977年在云南采集到该物种的标本	云南元谋干热河谷	生于耕地或墙头
159	柳叶菜 (Epilobium hirsutum L.)	鸡脚参、水朝阳花	欧亚大陆，北非	1910年在辽宁采集到该物种的标本	广布于温带与热带各省区市	生于河谷、溪流河床沙地或石砾地或沟边、湖边向阳湿处，荒坡或路旁
160	节节草 (Equisetum ramosissimum Desf.)	节节木贼	美洲	—	华中、华南、西南、陕西、甘肃、西藏	生于溪边、河边、海边或水田边，为果园和茶园的常见杂草
161	大画眉草 [Eragrostis cilianensis (All.) Link ex Vignolo-Lutati]	星星草、西连画眉草	意大利	1910年在安徽采集到该物种的标本	各省区市均有分布	生于荒芜草地
162	梁子菜 [Erechtites hieraciifolius (Linnaeus) Rafinesque ex Candolle]	饥荒草、菊芹	美洲热带地区	1925年在湖南采集到该物种的标本	福建、湖北、广东、海南、台湾、湖南、四川、贵州、云南	生于林下、山坡、灌丛和湿地，发生量少，危害轻
163	败酱叶菊芹 [Erechtites valerianifolius (Link ex Sprengel) Candolle]	飞机草、菊芹	南美洲	1922年在广东采集到该物种的标本	台湾、广东、海南	主要生于田边和路旁。田间杂草

续表

序号	物种名称	别名	原产地	国内最早记录时间	国内分布	生境与主要危害
164	春飞蓬（*Erigeron philadelphicus* L.）	费城飞蓬	北美洲	1984 年在福建采集到该物种的标本	安徽、江苏、浙江、上海	生于路旁、旷野、山坡、果园、林缘及林下。常见杂草，影响生物多样性
165	一年蓬 [*Erigeron annuus*（L.）Pers.]	治疟草、千层塔、野塘蒿	北美洲	1886 年在上海郊区山地发现	吉林、河北、河南、山东、江苏、安徽、江西、福建、湖南、湖北、四川、西藏	生于路边旷野或山坡荒地，发生量大，蔓延迅速，危害麦类、桑和茶等，同时入侵牧场和苗圃造成危害
166	香丝草（*Erigeron bonariensis* L.）	袋衣草、野地黄菊、野塘蒿	南美洲	1887 年在重庆采集到该物种的标本	中部、东部、南部及西南部各省区市	生于荒地、田边及路旁。阻碍路边交通，影响作物生长，区域性恶性杂草
167	小蓬草（*Erigeron canadensis* L.）	小飞蓬、飞蓬、加拿大蓬、小白酒草、蒿子草	北美洲	1962 年在吉林采集到该物种的标本	各省区市均有分布	生于路边、田野、牧场及草原中河滩。影响农作物生长，分泌化感物质抑制邻近植物的生长
168	美丽飞蓬（*Erigeron speciosus* DC.）	—	北美洲	1987 年在山西采集到该物种的标本	各省区市均有分布	可用于花坛和盆栽，可耐 -25℃
169	糙伏毛飞蓬（*Erigeron strigosus* Muh. ex Willd.）	糙糙飞蓬、粗毛一年蓬	北美洲	1956 年在吉林采集到该物种的标本	吉林、河北、山东、河南、安徽、江苏、江西、湖南、湖北、四川、西藏、福建	生于荒地、路边、果园及林下。降低生物多样性，也影响景观
170	刺芹（*Eryngium foetidum* L.）	刺芫荽、缅芫荽、野香草、假香荽、香信	中美洲	1897 年在云南采集到该物种的标本	广东、广西、贵州、云南	生于丘陵、山地林下、路旁或沟边等湿润处。果园和农田常见杂草，可通过化感作用影响其他野生植物生长
171	扁叶刺芹（*Eryngium planum* L.）	—	欧洲、中亚、西亚	1963 年在辽宁采集到该物种的标本	新疆（库克阿勒泰、塔城依灭勒河南岸）	生于杂草地带、田间、路旁、荒地、沙丘及干山坡上

续表

序号	物种名称	别名	原产地	国内最早记录时间	国内分布	生境与主要危害
172	小花糖芥 (Erysimum cheiranthoides L.)	桂花糖芥	欧洲	1905 年在北京采集到该物种的标本	吉林、辽宁、内蒙古、河北、山西、山东、河南、安徽、江苏、湖北、湖南、陕西、甘肃、宁夏、新疆、四川、云南	生于山坡、山谷、路旁及村旁荒地
173	粗柄糖芥 (Erysimum repandum L.)	粗梗糖芥	欧洲、中亚、西亚、北非	曾在辽宁（旅大）发现	辽宁、新疆	生于路旁或杂草地
174	龙牙花 (Erythrina corallodendron L.)	刺桐、珊瑚刺桐、珊瑚树、象牙红	南美洲	1919 年广东番禺采集到该物种的标本	广东、广西、贵州、云南、浙江和台湾等省区有栽培	适合公园、庭院栽培。喜温暖湿润，能耐高温高湿，稍能耐寒
175	大麻叶泽兰 (Eupatorium cannabinum L.)	—	欧洲	1923 年在广东采集到该物种的标本	江苏宜兴、浙江杭州	生于小山山顶、山坡草丛或村落竹林内
176	飞机草 [Chromolaena odorata（L.）R. M. King & H. Rob.]	香泽兰	美洲	1930 年在云南采集到该物种的标本	海南、云南	生于干燥地、垦荒地、路旁、住宅旁及田间等。危害秋收作物、果树和茶树，发生量大，危害重。叶有毒
177	猩猩草 (Euphorbia cyathophora Murr.)	草一品红、叶上花	美洲	1965 年出版的《海南植物志》中有记载	广泛栽培于大部分省区市	常见于公园、植物园及温室中，在广东、云南部分地区已成为杂草，有进一步蔓延的趋势
178	齿裂大戟 (Euphorbia dentata Michx.)	紫斑大戟、齿叶大戟	北美洲	据现有标本分析，最早于 1976 年采自北京东北旺药用植物种植场	归化于北京	生于杂草丛、路旁及沟边，已成为扩散非常快的杂草，有进一步蔓延的趋势

续表

序号	物种名称	别名	原产地	国内最早记录时间	国内分布	生境与主要危害
179	白苞猩猩草（ *Euphorbia heterophylla* L.）	台湾大戟、柳叶大戟	北美洲	1987 年台湾有报道	除台湾、四川、云南外，目前尚未见到标本	生于河边、路旁或农村庄附近，广东和云南部分地区已成为杂草，并形成单优群落
180	飞扬草（ *Euphorbia hirta* L.）	飞相草、乳籽草、大飞扬	美洲热带地区	1820 年在澳门采集到该物种的标本	江西、湖南、福建、台湾、广东、广西、海南、四川、云南	生于路旁、草丛、灌丛及山坡，多见于沙质土。常见旱田和草坪杂草，全株有毒，有致泻作用
181	通奶草（ *Euphorbia hypericifolia* L.）	小飞扬草	美洲	1861 年在香港有分布记录	长江以南的江西、台湾、广东、广西、湖南、海南、贵州、云南	生于旷野荒地、路旁、灌丛及田间、秋熟旱地、果园、菜园及草坪的杂草
182	斑地锦（ *Euphorbia maculata* L.）	美洲地锦	北美洲	1963 年在湖北武汉采集到该物种的标本	江苏、江西、浙江、湖北、河南、河北、台湾	生于平原或低山坡的路旁。旱地杂草、全株有毒
183	南欧大戟（ *Euphorbia peplus* L.）	一	地中海沿岸	1925 年在福建采集到该物种的标本	台湾、广东、香港、福建、广西和云南相继发现现归化植株或种群	生于路旁、屋旁和草地，一种常见的杂草
184	匍匐大戟（ *Euphorbia prostrata* Ait.）	铺地草	美洲	1921 年在广东采集到该物种的标本	江苏、湖北、福建、台湾、广东、海南、云南	生于路旁、屋旁荒地灌丛、旱地、路边及住宅旁杂草
185	一品红（ *Euphorbia pulcherrima* Willd. ex Klotzsch）	圣诞花、老来娇、猩猩木	中美洲	1920 年在广东采集到该物种的标本	绝大部分省区市均有栽培	常见于公园、植物园及温室中，供观赏。植株内的白色乳汁具有轻微毒性，可刺激皮肤或胃部，误食可能会造成腹泻和呕吐。汁液进入人眼睛内能会造成暂时性失明。

续表

序号	物种名称	别名	原产地	国内最早记录时间	国内分布	生境与主要危害
186	匍根大戟（*Euphorbia serpens* H. B. K.）	—	北美洲热带和亚热带地区	1925 年采集到该物种的标本，采集地不详	江苏、青海、台湾等省区	生于路旁和海边的砂质地，种子多，繁殖能力强，入侵农田和草坪，会造成一定程度的危害
187	绿玉树（*Euphorbia tirucalli* L.）	光棍树、青珊瑚、绿珊瑚	非洲东部	1929 年在广东采集到该物种的标本	南北方均有栽培，或作为行道树（南方）或温室栽培观赏（北方）	耐旱、耐盐和耐风
188	八角金盘 [*Fatsia japonica* (Thunb.) Decne. et Planch.]	手树	日本南部	1935 在云南采集该物种的标本	华北、华东、云南	喜温暖、湿润的气候，耐阴、不耐干旱，有一定耐寒力
189	苇状羊茅（*Festuca arundinacea* Schreb.）	苇状抓茅、高羊茅	欧洲	1938 年在江苏采集到该物种的标本	新疆（巩留、新源、尼勒克、霍城、阿勒泰）、内蒙古、陕西、甘肃、青海、江苏等省区引种栽培	生于河谷阶地、灌丛或林缘等潮湿处
190	无花果（*Ficus carica* L.）	阿驵、红心果	地中海沿岸	唐代从波斯传入，1915 年在江苏采集到该物种的标本	南北方各省区市均有栽培，新疆南部尤其多	栽培种
191	黄顶菊 [*Flaveria bidentis* (L.) O. Kuntze]	二齿黄菊、黄菊	南美洲、西印度群岛	2003 年在河北和天津采集到该物种的标本	天津、河北、山东、河南、山西	生于街道附近、村旁、路旁或提劳等。分泌化感物质可抑制其他生物生长
192	茴香（*Foeniculum vulgare* Mill.）	小茴香、怀香、西小茴、茴香菜、川谷香、北茴香、松梢菜	地中海地区	1915 年在江苏采集到该物种的标本	各省区市均有栽培	栽培种

续表

序号	物种名称	别名	原产地	国内最早记录时间	国内分布	生境与主要危害
193	倒挂金钟（Fuchsia hybrida Hort. ex Sieb. et Voss.）	铃儿花、吊钟海棠、灯笼花	中美洲	1929年在北京采集到该物种的标本	北方或在西北、西南高原温室种植生长极佳，已成为重要观赏的花卉植物	广泛栽培
194	宿根天人菊（Gaillardia aristata Pursh.）	车轮菊	北美洲	1925年在江苏采集到该物种的标本	各省区市均有栽培	庭园栽培
195	天人菊（Gaillardia pulchella Foug.）	老虎皮菊、虎皮菊	美洲	1910年在江西采集到该物种的标本	河北、新疆、湖南、广西、江西、云南、江苏、台湾、山东	耐干旱炎热，不耐寒，喜阳光，喜松土壤。危害较小
196	粗毛牛膝菊（Galinsoga quadriradiata Ruiz et Pav.）	睫毛牛膝菊、辣子草	墨西哥	1943年在四川采集到该物种的标本	北方、南方均有分布	生于林下路旁。危害秋收作物，形成大面积单优群落
197	牛膝菊（Galinsoga parviflora Cav.）	铜锤草、珍珠草、向阳花、小花状子草	南美洲	1915年在云南和四川采集到该物种的标本	北京、河北、四川、云南、贵州、西藏国内分布广	生于林下、河谷地、荒野、河边、田间、溪边或郊路旁。危害秋收农作物、蔬菜、果树及茶树，发生量大，危害重
198	山桃草（Gaura lindheimeri Engelm. et Gray）	白蝶花、白桃花、紫叶千鸟花	北美	1910年在浙江采集到该物种的标本	北京、山东、江苏、浙江、江西、香港有引种，并逸为野生	栽培于城市花坛、庭院以及路旁观赏花卉。逸生后为环境杂草，影响生多样性和生态环境
199	小花山桃草（Gaura parviflora Dougl.）	—	美国	1930年在山东采集到该物种的标本	河北、河南、山东、安徽、江苏、湖北、福建有引种，并逸为野生	生于路边，山坡及田埂。恶性杂草
200	野老鹳草（Geranium carolinianum L.）	—	北美洲	20世纪40年代出现在华东地区，1918年在江苏采集到该物种的标本	山东、安徽、江苏、浙江、江西、湖北、四川、云南	生于平原和低山荒坡杂草丛中，也见于田园，路边和沟边。为麦类和油菜等夏收作物田间和果园杂草

续表

序号	物种名称	别名	原产地	国内最早记录时间	国内分布	生境与主要危害
201	鼠掌老鹳草（Geranium sibiricum L.）	一	—	1905年在河北采集到该物种种的标本	东北、华北、西北、西南、湖北	生于林缘、疏灌丛或河谷草甸。为普通杂草
202	茼蒿 [Glebionis coronaria (L.) Cass. ex Spach]	艾菜、蓬蒿、菊花菜、蒿菜、同蒿菜	地中海沿岸	1981年在陕西采集到该物种种的标本	各地花园观赏栽培，河北和山东等省有野生	生于河边、地头、路边或山坡草丛。茼蒿素对家蚕幼虫和菜粉蝶幼虫有明显的拒食性和毒杀活性
203	拟鼠麹草 [Pseudognaphalium affine (D. Don) Anderberg]	田艾、清明菜、鼠曲草、鼠麹草	东亚	2011年在上海采集到该物种种的标本	台湾、华东、华中、华北、西北及西南各省区市	生于低海拔农田或湿润草地，尤其以稻田最常见
204	银花苋（Gomphrena celosioides C. Mart.）	鸡冠千日红、假千日红	美洲热带地区	1936年在海南采集到该物种种的标本	广东、海南、台湾	生于路旁草地，喜潮湿环境。危害较轻
205	千日红（Gomphrena globosa L.）	火球花、百日红	美洲热带地区	1917年在广东采集到该物种种的标本	各省区市均有栽培	栽培种
206	少花米口袋 [Gueldenstaedtia verna (Georgi) Boriss.]	小米口袋、米布袋、米口袋	中亚	1900年在辽宁采集到该物种种的标本	黑龙江北部、内蒙古东部	生于海拔1 300 m以下的山坡、路旁或田边等
207	裸冠菊 [Gymnocoronis spilanthoides (D. Don ex Hook. & Arn.) DC.]	—	南美洲	2006年在广西采集到该物种种的标本	云南、台湾、广西、四川	生于河边滩地、沟边或湿地。可能入侵水田或湿地成为杂草，影响生物多样性
208	落葵（Basella alba L.）	蔄芭菜、紫葵、豆腐菜、紫葵、木耳菜、蘩菜、臙脂豆、臙脂菜、藤菜	美洲、非洲和亚洲热带地区	1929年采集到该物种种的标本，采集地点不详	各省区市多有种植，南方逸为野生	栽培种，喜温暖气候，耐热及耐湿性较强；不耐寒，遇霜即枯死

续表

序号	物种名称	别名	原产地	国内最早记录时间	国内分布	生境与主要危害
209	姜花（Hedychium coronarium Koen.）	峨嵋姜花、白草果、蝴蝶花	印度	1923 年在福建采集到该物种的标本	四川、云南、广西、广东、湖南、台湾	林中或栽培
210	堆心菊（Helenium autumnale L.）	一	北美洲	1946 年在江西采集到该物种的标本	安徽、江苏、浙江、江西、湖北、湖南、福建、广西、广东	适合公园和庭院等路边、小径及草地边缘片植或丛植点缀。逸生为杂草
211	菊芋（Helianthus tuberosus L.）	鬼子姜、番羌、洋羌、五星草、菊诸、洋姜	北美洲	1918 年记载山东青岛有栽培	各省区市广泛栽培	适应性强，在住宅边、路边、河滩、荒山或沙丘都能生长
212	天芥菜（Heliotropium europaeum L.）	椭圆叶天芥菜	欧洲	1929 年在河南采集到该物种的标本	见于北京西郊	农田和果园的一般性杂草，危害较轻。对动物有毒
213	毛果天芥菜（Heliotropium lasiocarpum Fisch. & C. A. Meyer）	一	西亚	1926 年在福建采集到该物种的标本	新疆北部，山西西南部，河南北部	生于低海拔荒坡、砾石河滩及路边草地
214	阿尔泰狗娃花（Aster altaicus Willd.）	阿尔泰紫菀	中亚、西伯利亚	1935 年在河北采集到该物种的标本	广泛分布	生于草原、荒漠地、沙地及干旱山地。海拔从滨海到 4 000 m
215	红秋葵［Hibiscus coccineus (Medicus) Walt.］	槭葵	美国东南部	1932 年采集物种的标本，采集地不详	北京、上海、南京等市庭园偶有引种栽培	栽培种
216	黄秋葵［Abelmoschus esculentus (L.) Moench］	咖啡黄葵、朴肾菜、秋葵、糊麻、羊角豆、越南芝麻、洋辣椒	印度	1926 年在海南采集到该物种的标本	河北、山东、江苏、浙江、湖南、湖北、云南和广东等引入栽培	耐干热，已广栽培于干热带和亚热带地区
217	野西瓜苗（Hibiscus trionum L.）	火炮草、黑芝麻、小秋葵、灯笼花、香铃草	非洲中部	明初的《救荒本草》中有记载，1900 年采集到该物种的标本	各省区市均有分布	生于平原、山野、丘陵或田埂，常见的田间杂草

续表

序号	物种名称	别名	原产地	国内最早记录时间	国内分布	生境与主要危害
218	花朱顶红 [Hippeastrum vittatum (L' Her.) Herb.]	绕带蒜、百枝莲、朱顶兰	秘鲁	1922 年在广东采集到该物种种的标本	在云南昆明、西双版纳，文山及昭通等普遍栽培供观赏	适合庭园丛植，列植，栽培供观赏
219	竹节蓼 [Homalocladium platycladum (F. Muell.) Bailey]	扁竹蓼	所罗门群岛	1920 年在广东采集到该物种种的标本	许多公园花圃有引种，华南地区可用于庭园，北方常见温室栽培	喜温暖湿润，不耐寒，耐荫，不耐湿，需排水良好的土壤
220	芒颖大麦草 (Hordeum jubatum L.)	芒麦草	北美洲，西伯利亚	1926 年在辽宁采集到该物种种的标本	黑龙江、辽宁、内蒙古	生于路旁或田野，一般杂草
221	野天胡荽 (Hydrocotyle vulgaris L.)	显脉香菇草、铜钱草、香菇草、毛天胡荽、少脉香菇草	美洲热带地区	1979 年在福建采集到该物种种的标本	江苏、上海、浙江、澳门、福建、广东、台湾	生于湿润的池塘、水沟、河岸、沼泽或草地等。降低群落生物多样性
222	量天尺 [Hylocereus undatus (Haw.) Britt. et Rose]	三棱箭、三角柱、霸王鞭、龙骨花、火龙果、霸王花	中美洲至南美洲北部	1645 年引种，1927 年在海南采集到该物种种的标本	各地常见栽培，在福建（南部）、广东（南部）、海南、台湾以及广西（西南部）逸为野生	气根攀缘于树干、岩石或墙上，海拔 3～300 m。繁殖能力强，形成优势群落，排挤本地物种
223	天仙子 (Hyoscyamus niger L.)	米罐子、克米多那、莨格哈兰特、马岭草、黑莨菪、牙痛草、牙痛子、莨菪、路路驼籽	欧洲，蒙古国，印度	1906 年在河北采集到该物种种的标本	分布于华东北、华北、西北及西南、华东有栽培或逸为野生	常生于山坡、路旁、住宅区及河岸沙地
224	短柄吊球草 (Hyptis brevipes Poit.)	短柄香苦草	墨西哥	1929 年在台湾采集到该物种种的标本	台湾、广东、海南	生于低海拔开阔荒地。一般性杂草，对本土植物有一定的化感作用

续表

序号	物种名称	别名	原产地	国内最早记录时间	国内分布	生境与主要危害
225	吊球草 (*Hyptis rhomboidea* Mart. et Gal.)	假走马风、四方骨草、蜥蜴唎、四棱草、石柳	美洲热带地区	1921 年在海南采集到该物种的标本	广西、广东、台湾	生于开阔荒地上。茶园、果园及路边杂草
226	山香 [*Hyptis suaveolens* (L.) Poit.]	白骨消、臭草、假藿香、毛射香、黄草、蛇百子、毛老虎、山薄荷	美洲热带地区	19 世纪末在台湾采集到该物种的标本	广西、广东、福建、台湾	生于开阔荒地上。为一般性杂草，危害较轻，可影响农作物产量
227	屈曲花 (*Iberis amara* L.)	—	西班牙伊比利亚半岛	1924 年在北京采集到该物种的标本	各省区市均有栽培	栽培种
228	披针叶屈曲花 (*Iberis intermedia* Guersent)	—	欧洲	从印度引入，时间不详。1989 年在青海采集到该物种的标本	西藏拉萨有栽培	适生在路旁、水旁、田旁及屋旁
229	苏丹凤仙花 (*Impatiens walleriana* J. D. Hooker)	非洲凤仙花	东非	1998 年在台湾采集到该物种的标本	河北、天津、北京、广东、香港	栽培种，供观赏
230	野青树 (*Indigofera suffruticosa* Mill.)	假蓝靛、木蓝	美洲热带地区	1861 年记载在香港路边荒地逸生，1916 年在广东采集到该物种的标本	江苏、浙江、台湾、广西、云南	生于低海拔山地路旁、山谷疏林、空旷地，田野沟边及海滩沙地
231	月光花 (*Calonyction alba* L.)	嫦娥奔月、裂叶月光花	美洲热带地区	1933 年 4 月在海南采集到该物种的标本	浙江四明山、云南昆明有栽培	生于公园、路边、河边或湿润树林等。2004 年有报道称其危害大片森林，危害程度中度
232	番薯 [*Ipomoea batatas* (L.) Lam.]	阿鹅、白薯、红苕、红薯、甜薯、地瓜、山芋、唐薯、红山药、金薯、甘薯	南美洲，大、小安的列斯群岛	1909 年在江苏采集到该物种的标本	大多数省区市普遍栽培	栽培种

续表

序号	物种名称	别名	原产地	国内最早记录时间	国内分布	生境与主要危害
233	五爪金龙 [Ipomoea cairica (L.) Sweet]	假土瓜藤、黑牵牛、牵牛藤、上竹龙、五爪龙	非洲	1912年出版的Flora of Kwangtong and Hongkong中记载在香港已经归化	台湾、福建、广东、广西、云南	生于海拔90~610 m的平地或山地，路边灌丛向阳处。南方园林有害杂草
234	橙红茑萝 (Quamoclit choluIensis Kunth)	圆叶茑萝、心叶茑萝	美洲	1942年在陕西采集到该物种的标本	各省（如陕西、江苏、福建、湖北、云南）庭园常栽培	栽培种，喜微潮的土壤环境，稍耐阴，喜日光充足的环境，不耐寒，喜温暖，不耐寒业杂草
235	牵牛 [Ipomoea nil (L.) Roth]	裂叶牵牛、勤娘子、大牵牛花、筋角拉子、喇叭花、牵牛花、朝颜、二牛子、二丑	南美洲	220—450年编撰的《名医别录》中有记载	除西北和东北的一些省（区），大部分省区市都有分布	生于海拔100~200（~1 600）m的山坡灌丛、干燥河谷路边、田边、住宅旁及山地路边，或成为栽培种。常见杂草，对农作物有一定的危害
236	圆叶牵牛 (Ipomoea purpurea Lam.)	紫花牵牛、打碗花、连攀簪牛、心叶牵牛、重瓣圆叶牵牛	美洲热带地区	1890年已有栽培	大部分省区市有分布	生于海拔0~2 800 m的田边、路边、住宅旁或山谷林内，庭院常见杂草，有时危害草坪和灌丛
237	三裂叶薯 (Ipomoea triloba L.)	小花假番薯、红花野牵牛	西印度群岛	1950年在广东采集到该物种的标本	广东及其沿海岛屿、台湾高雄	生于丘陵路旁、荒草地或田野，易形成单优群落危害本地物种生长
238	黄菖蒲 (Iris pseudacorus L.)	黄鸢尾、水生鸢尾、黄鸢尾、水烛	欧洲	1992年在江苏采集到该物种的标本	各省区市常见栽培	喜河湖沿岸的湿地或沼泽地上，影响水生生态系统和生物多样性

续表

序号	物种名称	别名	原产地	国内最早记录时间	国内分布	生境与主要危害
239	假苍耳 [Cyclachaena xanthiifolia (Nutt.) Fresen.]	—	北美洲	1981 年在辽宁朝阳被发现	黑龙江、吉林、辽宁、河北、新疆、山东	生于农田、林地、路旁及荒地，对环境具有极强的适应能力。其有极强的竞争力，影响生态环境多样性；入侵农田，影响农作物生长，降低农产品质量；入侵林地，降低林业栽培苗木的品质；其花粉对人体健康有较重的危害
240	剪刀股 [Ixeris japonica (Burm. F.) Nakai]	沙滩苦荬菜	日本	1932 年在台湾采集到该物种的标本	新疆、浙江、山东、东北、福建、河南、广东	生于路边潮湿地及田边
241	茉莉花 [Jasminum sambac (L.) Aiton]	茉莉	印度	1918 年在福建采集到该物种的标本	天津、湖南、贵州、云南、福建、广东、广西、香港、澳门	栽培种，供观赏
242	麻风树 (Jatropha curcas L.)	美蓉树、小桐子、臭油桐、青桐、麻枫树	加勒比海地区	1901 年在四川采集到该物种标本	福建、台湾、广东、海南、广西、贵州、四川、云南等省区有栽培或少量逸为野生	生于平地、丘陵、坡地及河谷荒山坡地。在许多地区归化
243	单穗水蜈蚣 [Kyllinga nemoralis (J.R. Forster & G. Forster) Dandy ex Hutchinson & Dalziel]	—	美洲热带地区	1905 年在福建采集到该物种的标本	湖南、云南、台湾、广东、广西、海南	生于坡林下、沟边、田边近水处及旷野潮湿处
244	扁豆 [Lablab purpureus (L.) Sweet]	白花扁豆、鹊豆、沿篱豆、藤豆、膨皮豆、火镰扁豆、扁豆、片豆、梅豆、驴耳朵豆角	印度	南北朝时名医陶弘景撰写的《名医别录》中记载扁豆已有栽培	各省区市广泛栽培	栽培种

续表

序号	物种名称	别名	原产地	国内最早记录时间	国内分布	生境与主要危害
245	野莴苣 (Lactuca serriola L.)	银齿莴苣、毒莴苣、刺莴苣、阿尔泰莴苣	欧洲	云南，1949年	新疆（阿勒泰、布尔津、塔城、沙湾、玛纳斯、乌鲁木齐、伊宁）、甘肃、辽宁（沈阳）、陕西（西安）、云南（昆明、玉溪）、浙江（杭州、金华、慈溪、淳安）	生于路旁、菜园、果园、田地及荒地、耕地，海拔750~2 000 m。有较高危害性，全株有毒
246	莴苣 (Lactuca sativa L.)	—	地中海沿岸	1918年在浙江采集到该物种的标本	各省区市均有栽培，也有野生	栽培种
247	马缨丹 (Lantana camara L.)	七变花、如意草、臭草、五彩花、五色梅	美洲热带地区	明末西班牙人引入台湾，1917年在广东采集到该物种的标本	台湾、福建、广东、广西有逸生	生于海拔80~1 500 m 的海边沙滩和空旷地区。严重破坏森林资源和生态环境，并且是有毒植物
248	蔓马缨丹 (Lantana montevidensis Briq.)	紫花马缨丹	美洲热带地区	1928年引入台湾，最早于1922年在广东采集到该物种的标本	广西、广东、海南、台湾、香港	生于农田和路边。有较高入侵性
249	稀脉浮萍 (Lemna aequinoctialis Welwitsch)	—	不详	1942年在湖南采集到该物种的标本	上海、福建、台湾（台北）	生于池沼中
250	独行菜 (Lepidium apetalum Willdenow)	腺茎独行菜、辣辣菜、拉拉罐子、辣辣根、昌古、羊辣罐、拉拉罐、小辣辣、羊辣辣、辣麻麻	北美洲	1905年在河北采集到该物种的标本	东北、华北、西北、江苏、浙江、安徽	生于海拔400~2 000 m 山坡、路旁及村庄附近。为常见的田间杂草
251	绿独行菜 [Lepidium campestre (L.) R. Br.]	—	欧洲，西亚	1925年6月在辽宁采集到该物种的标本	吉林、辽宁、内蒙古、河北、山东、陕西、甘肃、四川	生于山坡和路边。常见路边和草坪杂草

续表

序号	物种名称	别名	原产地	国内最早记录时间	国内分布	生境与主要危害
252	密花独行菜 (Lepidium densiflorum Schrader)	—	北美洲	1932 年在辽宁采集到该物种的标本	黑龙江、辽宁	生于海滨、沙地、田边及路旁。一般性路边和草坪杂草
253	北美独行菜 (Lepidium virginicum L.)	—	北美洲	1910 年在福建采集到该物种的标本	山东、河南、安徽、江苏、浙江、福建、湖北、江西、广西	生于田边或荒地。为田间杂草,造成农作物减产
254	抱茎独行菜 (Lepidium perfoliatum L.)	穿叶独行菜	欧洲,西南亚、北非	1932 年在上海采集到该物种的标本	辽宁、山西、甘肃、新疆、江苏	生于荒地,干燥沙滩至海拔 1 000 m
255	银合欢 [Leucaena leucocephala (Lam.) de Wit]	白合欢	美洲热带地区	1645 年由荷兰人引入台湾,1685 年《台湾府志》中有记载	台湾、福建、广东、广西、云南	生于低海拔的荒地或疏林中。影响其他树木生长,枝叶有弱毒性
256	滨菊 (Leucanthemum vulgare Lam.)	—	欧洲	1930 年在广东采集到该物种的标本	河南、甘肃、江西	耐贫瘠,逸生为杂草
257	日本女贞 (Ligustrum japonicum Thumb.)	大叶女贞	日本	1924 年在广东采集到该物种的标本	各省区市有栽培	喜光,稍耐阴。生于低海拔的林中或灌丛中,叶和果实有毒,家畜误食会中毒甚至死亡
258	黄花蔺 [Limnocharis flava (L.) Buch.]	—	美洲热带地区	1957 年在云南采集到该物种的标本	云南(西双版纳)、广东沿海岛屿	生于沼泽地或浅水中,常成片
259	小龙口花 [Linaria bipartita (Vent.) Willd.]	—	葡萄牙、北非	1957 年在浙江采集到该物种的标本	江苏、浙江、陕西	公园有栽培。在农田中形成单优群落

续表

序号	物种名称	别名	原产地	国内最早记录时间	国内分布	生境与主要危害
260	亚麻 (Linum usitatissimum L.)	山西胡麻、壁虱胡麻、鸦麻	地中海地区	宋代《图经本草》中有记载	各省区市均有栽培，但以北方和西南地区较为普遍；有时逸为野生	栽培种，有时逸为野生，喜凉爽湿润气候。耐寒，怕高温
261	茑萝 (Ipomoea quamoclit L.)	茑萝松、金丝线、五角星花、羽叶茑萝	美洲热带地区	国内最早的标本记录是1917年	各省区市均有引种栽培，北京、江苏、上海、安徽、浙江等局部逸生	大部分为栽培。影响当地生态系统，危害性较小
262	凤仙花 (Impatiens balsamina L.)	急性子、凤仙透骨草、指甲花	南亚至东南亚	1922年在福建采集到该物种的标本	各省区市庭园广泛栽培，为常见的观赏花卉	庭园栽培
263	多花黑麦草 (Lolium multiflorum Lam.)	—	欧洲	18世纪首先引种到北方，1930年在山东采集到该物种的标本	新疆（伊吾）、陕西、河北、湖南、贵州、云南、四川、江西	作为优良牧草普遍引种栽培。为赤霉素和冠锈病的寄主，在局部区域成为麦田入侵杂草
264	黑麦草 (Lolium perenne L.)	—	欧洲	18世纪先首引种到北方；1959年出版的《中国主要植物图说——禾本科》中有记载	各省区市普遍引种栽培的优良牧草	生于草甸草场、路旁湿地常见。原寄主
265	欧黑麦草 (Lolium persicum Boiss. et Hohen. ex Boiss.)	欧黑麦	欧洲至西亚	20世纪引种到西北栽培，1958年在新疆采集到该物种的标本	新疆（阿克苏）、青海（西宁）、甘肃（民勤）、陕西	生于河边、山坡、路旁及盐化草甸土上，海拔1 400～2 300 m。危害农作物
266	毒麦 (Lolium temulentum L.)	—	欧洲	1948年在广西采集到该物种的标本	甘肃、陕西、安徽、浙江	生于农田，特别是引起麦田和人类的中枢神经中毒、麦田杂草
267	田野黑麦草 (Lolium temulentum var. arvense Lilj.)	—	欧洲	1948年在广西采集到该物种的标本	浙江（岱山）、湖南（湘潭）、上海	生于麦田、草地。麦田杂草

续表

序号	物种名称	别名	原产地	国内最早记录时间	国内分布	生境与主要危害
268	瘤梗番薯 (Ipomoea lacunosa L.)	瘤梗番薯	北美洲	1983年在浙江采集到该物种的标本	山东、浙江、湖南、福建	生于路边草丛及撂荒地。危害农业生产，叶片可致动物中毒
269	草龙 [Ludwigia hyssopifolia (G. Don) exell.]	线叶丁香蓼、细叶水丁香	美洲热带地区	1927年在广东采集到该物种的标本	台湾、广东、香港、海南、广西、云南南部	生于田边、水沟、河滩、塘边及湿草地等湿润向阴处，海拔50~750m。入侵水稻田中或水稻田边，为稻田常见杂草
270	细果草龙 [Ludwigia leptocarpa (Nutt.) H. Hara]	—	美国	2011年在上海采集到该物种的标本	台湾、海南、云南南部(屏边)	生于山坡灌木林下。海拔80~100 m
271	无刺巴西含羞草 [Mimosa diplotricha var. inermis (Adelb.) Verdc.]	无刺含羞草	美洲热带地区	1991年在广东采集到该物种的标本	广东、云南有栽培	栽培或逸生于旷野荒地。全株有毒，牛误食能致死
272	猫爪藤 [Macfadyena unguis-cati (L.) A. Gentry]	—	西印度群岛、墨西哥、巴西、阿根廷	1940年从海外引入，1983年在广东采集到该物种的标本	广东、福建均有栽培，供观赏。据介绍，该物种在福建逸出野生	生于树林、栽培种，有逸出野生。可成为绞杀植物
273	紫花大翼豆 [Macroptilium atropurpureum (DC.) Urban]	紫色豆	美洲热带地区	1969年在台湾采集到该物种的标本	广东及沿海岛屿有栽培	生于荒野和滩涂。影响原生境植被和生物多样性
274	大翼豆 [Macroptilium lathyroides (L.) Urb.]	长序菜豆、翼豆	美洲热带地区	1965年引种到广东	广东、福建有栽培	生于果园、公路旁荒地以及山坡在华南各地逸为野生，危害轻微
275	荷花玉兰 (Magnolia grandiflora L.)	广玉兰、洋玉兰、白玉兰	北美洲东南部	1918年在江苏采集到该物种的标本	长江流域以南各城市有栽培，兰州、北京公园也有栽培	为庭园绿化观赏树种，适生于湿润肥沃土壤

续表

序号	物种名称	别名	原产地	国内最早记录时间	国内分布	生境与主要危害
276	赛葵 [Malvastrum coromandelianum (L.) Gurcke]	黄花棉、黄花草	美洲	1908年在台湾采集到该物种的标本	台湾、福建、广东、广西、云南	散生于干热草坡、荒地及路旁。热带常见杂草，排挤本地植物
277	穗花赛葵 [Malvastrum americanum (L.) Torr.]	一	美洲	1936年台湾有报道记录	台湾、福建	生于果园、路边荒地，山坡草地及开阔荒地。发生在果园和路边，有时也入侵农田，影响田间劳作
278	天蓝苜蓿 (Medicago lupulina L.)	天蓝、野苜蓿、接筋草	欧亚大陆	1901年采集到该物种的标本，采集地点不详	各省区市均有分布	适宜于凉爽气候，生于水分良好的土壤上，但在各种条件下都有野生，常见于河岸、路边、田野及林缘
279	小苜蓿 [Medicago minima (L.) Grufb.]	野苜蓿、破鞋底	伊朗	1910年在江西采集到该物种的标本	黄河流域及长江流域以北各省区市均有分布	生于荒坡、沙地、河岸和田野草地。为农田、路边和草场常见杂草
280	南苜蓿 (Medicago polymorpha L.)	金花菜、黄花草子、母齐头	北非、西亚、南欧	在古代可能首先于西北地区种植，之后逐渐向其他地区引进，1908年在上海采集到该物种的标本	长江流域以南各省区市，陕西、甘肃、贵州、云南	常栽培或呈半野生状态。农田、路边及草场杂草
281	紫苜蓿 (Medicago sativa L.)	苜蓿	西亚	1841—1846年编撰的《植物名实图考》中有记载	各省区市均有栽培或呈半野生状态	生于田边、路旁、旷野、草原、河岸及沟谷等地。农田、路边及草场杂草
282	白花草木犀 (Melilotus albus Desr.)	白花草樨、白甜车轴草、白香草木樨	西亚至南欧	可能在19世纪引入	东北、华北、西北及西南各省区市	生于田边、路旁荒地及湿润的沙地。农田、路边及草场杂草
283	印度草木犀 [Melilotus indicus (Linnaeus) Allioni]	小花草木樨、天蓝苜蓿、蛇蜕草、野苜蓿	印度	1918年在山东采集到该物种的标本	华中、西南、华南各省区市	生于旷野、路旁及盐碱性土壤。逸生为农田和果园杂草

续表

序号	物种名称	别名	原产地	国内最早记录时间	国内分布	生境与主要危害
284	草木樨 [*Melilotus officinalis* (L.) Pall.]	白香草木樨、黄香草木樨、辟汗草、黄花草木樨、黄香草木樨	西亚至南欧	1900 年采集到该物种的标本，采集地点不详	东北、华南、西南各省区市	生于山坡、河岸、路旁、沙质草地及林缘
285	皱叶留兰香 (*Mentha crispata* Schrader ex Willd.)	—	欧洲	1955 年在江西采集到该物种的标本	北京、南京、上海、杭州及昆明等市常见栽培	栽培种
286	留兰香 (*Mentha spicata* L.)	香花菜、土薄荷、假薄荷、狗肉香菜、绿薄荷、鱼香菜、鱼香草、狗香、鱼香菜、狗香、血香菜、香薄荷、花叶留兰香	南欧、加那利群岛、马德拉群岛、俄罗斯	1930 年在贵州采集到该物种的标本	河北、江苏、浙江、广东、广西、四川、贵州、云南等省有栽培或逸为野生，新疆有野生	栽培种。温度适应范围大，喜湿润、喜光，适宜弱酸性土壤
287	山靛 (*Mercurialis leiocarpa* Sieb. et Zucc.)	—	东南亚	1919 年在贵州采集到该物种的标本	台湾、浙江、江西、湖南、广东、广西、贵州、湖北、四川、云南	生于山地密林下或山谷水沟边。有一定毒性
288	篱栏网 [*Merremia hederacea* (Burm. F.) Hall. F.]	鱼黄草、金花茉莉藤、小花山猪菜、茉莱藤、蛤仔花前月下、篱网藤、犁头网、广西百仔	非洲和亚洲热带地区	1923 年在广东采集到该物种的标本	台湾、广东、海南、广西、江西、云南	生于海拔 130~760 m 的灌丛或路旁草丛

续表

序号	物种名称	别名	原产地	国内最早记录时间	国内分布	生境与主要危害
289	细叶砂引草 [Tournefortia sibirica var.angustior (A. DC.) G. L. Chu & M. G. Gilbert]	蒙古紫丹草、紫丹草、细叶西伯利亚紫丹	西伯利亚	1929年在北京采集到该物种的标本	宁夏、陕西、内蒙古、河北、山东、山西、河南、辽宁、黑龙江	生于海拔450~1900 m干旱山坡、路边及河边沙地
290	假泽兰 [Mikania cordata (Burm. F.) B. L. Robi.]	米甘草	南亚至东南亚	1927年在海南采集到该物种的标本	台湾、海南、云南东南部（屏边）	生于山坡灌木林下
291	薇甘菊 (Mikania micrantha H. B. K.)	微甘菊	美洲	大约1919年在香港出现，1984年在深圳发现	广东、香港、澳门	生于森林、居民区附近的荒地、沟地、路旁及疏于管理的果园、圃地的区域等人为干扰强烈能快速度入侵，通过竞争或化感作用抑制农作物和自然植被的生长
292	光荚含羞草 [Mimosa bimucronata (DC.) O. Kuntze]	簕仔树	美洲热带地区	20世纪50年代由广东旅美华侨引入	广东南部沿海地区	逸生于疏林下。入侵性较强，有可能造成严重的生态或经济损害
293	巴西含羞草 (Mimosa diplotricha C. Wright)	美洲含羞草	南美洲，墨西哥	1956年出版的《广州植物志》中有记载	广东、香港	栽培或逸生于旷野和荒地，生长迅速，一旦蔓延，可能造成严重经济损害
294	含羞草 (Mimosa pudica L.)	怕羞草、害羞草、怕丑草、呼喝草、知羞草	美洲热带地区	明末作为观赏植物引入，1777年出版的《南越笔记》中有记载	台湾、福建、广东、广西、云南	生于旷野、荒地和灌木丛、长江流域常有栽培供观赏。全株有毒

续表

序号	物种名称	别名	原产地	国内最早记录时间	国内分布	生境与主要危害
295	紫茉莉（*Mirabilis jalapa* L.）	晚饭花、晚花、野丁香、苦丁香、丁香叶、状元花、夜饭花、粉豆花、胭脂花、烧汤花、夜娇花、潮来花、粉豆、白花紫茉莉、地雷花、白开夜合	美洲热带地区	明代《花草谱》中有记载，1912 年在云南采集到该物种的标本	各省区市常栽培，有时逸为野生	栽培种。观赏花卉，根和种子有毒
296	盖裂果 [*Mitracarpus hirtus* (L.) DC.]	—	美洲安第斯山区	1989 年在广东采集到该物种的标本	海南（万宁）	生于公路边荒地，极少见。偶见杂草，可入侵旱田和草坪，危害轻微
297	粟米草（*Mollugo stricta* L.）	—	亚洲热带地区	1902 年在湖南采集到该物种的标本	秦岭、黄河以南，东南至西南各省区市	生于空旷荒地，农田和海岸沙地
298	乳苣 [*Lactuca tatarica* (L.) C. A. Mey.]	苦苣菜、苦菜、紫花山莴苣、山莴苣	欧洲	1937 年在西藏采集到该物种的标本	辽宁、内蒙古、河北、山西、陕西、甘肃、青海、新疆、河南、西藏	生于河滩、湖边、草甸、田边，固定沙丘或砾石地，海拔 1 200~4 300 m
299	鹅肠菜 [*Myosoton aquaticum* (L.) Moench]	鹅儿肠、大鹅儿肠、石灰菜、鹅肠草、牛繁缕	欧洲	1905 年在河北采集到该物种的标本	各省区市	河流两旁冲积沙地的低湿处灌丛或林缘和水沟旁。前期与农作物竞争，后期迅速蔓生，并有得农作物的收割
300	粉绿狐尾藻 [*Myriophyllum aquaticum* (Vell.) Verdc.]	大聚藻	南美洲	水族馆观赏，于 20 世纪初引入	江苏、浙江、湖北、台湾、湖南、江西、广西、云南	生于沟渠、池塘、河流、湖泊和沼泽等。阻塞河道，破坏水生生态平衡

续表

序号	物种名称	别名	原产地	国内最早记录时间	国内分布	生境与主要危害
301	豆瓣菜 (Nasturtium officinale R. Br.)	西洋菜	欧洲，西亚	1908年在安徽采集到该物种的标本	黑龙江、河北、山西、山东、河南、安徽、江苏、广东、陕西、四川、广西、云南、贵州、西藏	栽培或野生，喜生于水中，常见于水沟边、山涧河边、沼泽地或水田中，海拔850~3 700 m均可生长
302	夹竹桃 (Nerium oleander L.)	红花夹竹桃、欧洲夹竹桃	地中海地区	1245—1320年的《竹谱》中首次记载	南方有栽培	喜中性偏湿生的环境。危害当地生态环境，分泌物质引起过敏人群的不良反应
303	假酸浆 [Nicandra physalodes (L.) Gaertner]	鞭打绣球、冰粉、大千生	秘鲁	1929年在云南采集到该物种的标本，1964年出版的《北京植物志》中有记载	南北方各省区市均有作药用或观赏栽培，河北、甘肃、四川、贵州、云南、西藏等省区有逸为野生	生于田边、荒地或宅旁。数量较少，危害不严重
304	黑种草 (Nigella damascena L.)	—	欧洲南部	1929年采集到该物种的标本	一些城市有栽培，供观赏	栽培种，供观赏
305	假韭 [Nothoscordum gracile (Aiton) Steam]	—	美洲热带地区	2011年在云南采集到该物种的标本	福建、云南	有一定毒性，入侵不严重
306	加拿大柳蓝花 [Nuttallanthus canadensis (L.) D. A. Sutton]	—	加拿大、美国	2015年在浙江采集到该物种的标本	浙江归化	生于海拔500 m左右的花木林下，或近水源处的沙地
307	毛叶丁香罗勒 [Ocimum gratissimum var. suave (Willd.) Hook. f.]	臭草	非洲	1941年在台湾采集到该物种的标本	江苏、浙江、福建、台湾、广东、广西、云南	栽培种，可入药，适宜于多种土壤生长，pH值5~7，但以土层疏松且厚为好

续表

序号	物种名称	别名	原产地	国内最早记录时间	国内分布	生境与主要危害
308	疗齿草（Odontites vulgaris Moench）	齿叶草	欧洲，蒙古国	1923年在宁夏采集到该物种的标本	华北及东北（西北部），新疆，甘肃，青海（循化），宁夏，陕西（北部）	多见于海拔2 000 m以下的湿草地
309	月见草（Oenothera biennis L.）	夜来香、山芝麻	北美洲东部	1926年在江苏采集到该物种的标本	东北（含台湾）、华东、西南（四川、贵州）有栽培	生于开阔荒坡路旁。影响景观
310	海边月见草（Oenothera drummondii Hook.）	海芙蓉	美国大西洋海岸、墨西哥湾海岸	1930年在福建采集到该物种的标本	福建、广东有栽培，并在沿海海滨逸为野化	生于海边沙滩地。环境杂草，入侵农田
311	黄花月见草（Oenothera glazioviana Mich.）	月见草、红萼月见草	欧洲	1910年在河南采集到该物种的标本	东北、华北、华东（含台湾）及西南常见栽培，并逸为野生	生于开荒地和田园路边。有一定入侵性，环境杂草
312	裂叶月见草（Oenothera laciniata Hill.）	—	美国东部至中部	1923年在福建采集到该物种的标本	台湾北部逸出野化	生于海滨沙滩或低海拔开荒地，田边处。有很高的入侵性，排挤本地物种的生长
313	红花月见草（Oenothera rosea L' Her. ex Ait.）	粉花月见草	美洲热带地区	1936年在江苏采集到该物种的标本	浙江、江西（庐山）、云南（昆明）、贵州逸为野生	生于荒地草坡、沟边半阴处。入侵农田成为难于清除的有害杂草
314	美丽月见草（Oenothera speciosa）	粉晚樱草、粉花月见草	美国得克萨斯南部至墨西哥	2004年在江苏采集到该物种的标本	引种华南地区，在黑龙江、吉林、辽宁等省逸为野生	栽培种，性喜温暖及光照充足环境，对土壤要求不严，较耐寒，忌水湿；肥沃的壤土为宜，以疏松、适宜生长温度15~30℃

续表

序号	物种名称	别名	原产地	国内最早记录时间	国内分布	生境与主要危害
315	待宵草 (Oenothera stricta Ledeb. et Link)	山芝麻、夜来香、线叶月见草、月见草	南美洲智利、阿根廷	1917 年 6 月 20 日在浙江杭州采集到该物种的标本	陕西、江苏、江西、福建、台湾、广东、广西、贵州、云南等省区有栽培，并逸为野生	生于向阳山坡、荒草地、沙质地、荒草地及河边等。繁殖力和适应性强，有较高的杂草性
316	长毛月见草 (Oenothera villosa Thunb.)	—	北美	1957 年在吉林采集到该物种的标本	黑龙江、吉林、辽宁、河北有栽培与野化	生于开阔田园边、荒地及沟边较湿润处。有较高入侵性，排挤本地物种生长
317	梨果仙人掌 [Opuntia ficus-indica (L.) Mill.]	仙桃、仙人掌	墨西哥	1645 年由荷兰人引入台湾栽培	四川、贵州、云南、广西、广东、福建、台湾、浙江等省区有栽培，北方温室也有零星栽培	干热河谷逸为野生。影响放牧
318	单刺仙人掌 [Opuntia monacantha (Willd.) Haw.]	绿仙人掌、扁金铜、仙人掌	巴西、巴拉圭、乌拉圭、阿根廷	1625 年《滇志》中记载，当时云南南部已有引种栽培	各省区市有引种栽培，在云南南部及西部、广西、福建南部、台湾沿海地区归化	生于海边、山坡开阔地或石灰岩山地。环境杂草，其刺可扎伤人畜
319	仙人掌 [Opuntia dillenii (Ker Gawl.) Haw.]	仙巴掌	西印度群岛、百慕大群岛、美洲北部、墨西哥东海岸、美国南部及东南部沿海地区	明末引入人作为围篱，1702 年《岭南杂记》中首次饮记载	南方沿海地区各省区市常见栽培，在广东、广西南部、海南沿海地区逸为野生	生于海岸岩石间。为难以根除的多刺肉质灌木

续表

序号	物种名称	别名	原产地	国内最早记录时间	国内分布	生境与主要危害
320	大花酢浆草（Oxalis bowiei Lindl）	一	南非	最早标本采集地为山东，采集时间不详	北京、江苏、陕西、山东、新疆等省区市有栽培	夏季高温时地上部分迅速枯死，以鳞茎休眠越夏；华南地区、冬季虽不开花，但不枯死。危害当地农作物
321	红花酢浆草（Oxalis corymbosa DC.）	多花酢浆草、紫花酢浆草、南天七、铜锤草、大酸咪咪草	南美洲热带地区	唐代《新修本草》中有记载，1917年在广东采集到该物种的标本	华东、华中、河北、陕西、云南、华南、四川、贵州	生于低海拔的山地、路旁、荒地或水田。因其鳞茎极易分离，繁殖迅速，常为田间杂草。危害当地农作物
322	紫叶酢浆草（Oxalis triangularis Subsp.）	酸浆草、酸酸草、斑鸠酸、三叶酸、酸咪咪、钩钩草	巴西	1997年引入	华南、长江流域、淮河以北	喜欢温暖湿润的生长环境，栽植于庭院、住宅及公园和河流两旁的绿化带。危害当地农作物
323	大黍（Panicum maximum Jacq）	坚尼草、普通大黍、天竺草、马草	非洲	1908年从菲律宾引入台湾	广东、广西、海南、福建、四川、香港、澳门、台湾	在台湾和香港已成为常见杂草，耐干旱，但不耐寒。危害农作物
324	铺地黍（Panicum repens L.）	匍地黍、硬骨草、枯骨草	巴西	最早于1916年在广东采集到该物种的标本	广东、浙江、江西、海南、广西、台湾	生于海边、溪边及潮湿的区域，对坡地和砂地农作物、橡胶树、各种果树、茶树和桑树均有危害
325	虞美人（Papaver rhoeas L.）	丽春花、赛牡丹、满园春、仙女蒿、虞美人草	欧洲	最早于1921年在江西采集到该物种的标本	各省区市常见栽培，为观赏植物	耐寒，怕暑热，喜排水良好、肥沃的沙壤土。不耐移栽，忌连作。危害当地农作物
326	银胶菊（Parthenium hysterophorus L.）	一	美国（得克萨斯州）、墨西哥（北部）	1926年在云南采集到该物种的标本	广东、广西、贵州、云南、山东、香港、台湾	生于旷野、路旁、河边及坡地上，由路旁向荒地、耕地、道路旁发展，危害很大，包括入侵道路交通、破坏道路环境；入侵放牧地、减少放牧地产草量；入侵耕地、引起农作物减产；有毒，能引起人体的皮炎、鼻炎及哮喘，危害人类健康

续表

序号	物种名称	别名	原产地	国内最早记录时间	国内分布	生境与主要危害
327	五叶地锦 [Parthenocissus quinquefolia (L.) Planch]	美国地锦、美国爬山虎、五叶爬山虎	美国东部	最早于1900年采集到该物种的标本,具体采集地不详	东北、华北各省区市栽培	喜温暖气候,具有一定的耐寒能力,耐阴、耐贫瘠,对土壤与气候适应性较强,在中性或偏碱性土壤中均可生长。可作绿化植物
328	两耳草 (Paspalum conjugatum Berg.)	—	美洲热带地区	最早于1917年在海南采集到该物种的标本	台湾、云南(西畴、马关、金屏、屏边、河口、思茅、镇康、孟连、勐洪、耿马、景洪、盈江)、海南、广西	生于田野、林缘及潮湿草地。可在低湿处生长繁茂,形成优势种群落
329	丝毛雀稗 (Paspalum urvillei Steud)	丝毛雀稗、宜安草、小花毛花雀稗	南美洲	最早于2002年在福建采集到该物种的标本	广西、云南、广东、福建、江西、湖北、贵州、台湾	生于村路旁路边和荒地。影响景观
330	西番莲 (Passiflora caerulea Linnaeus)	时计草、洋酸茄花、转枝莲、西洋鞠、转心莲	阿根廷北部、巴西南部	1901年从日本引入台湾。1956年从印尼引入福建厦门	广泛栽培于广西、广东、福建、海南、江西、四川、云南、贵州、台湾等省区,有时逸生	喜光、喜温暖至高温湿润的气候,不耐寒。生长快,开花期长,开花量大,适宜种植于北纬24°以南的地区
331	龙珠果 (Passiflora foetida L.)	龙眼果、龙须果、假苦果、龙珠草、肉果、野仙果、天仙果、香花果	西印度群岛	19世纪从印度传入广西、广东、福建。最早于1925年在广东采集到该物种的标本	广西、广东、福建、海南、云南、台湾	生于草坡路边。为泛热带杂草
332	大果西番莲 (Passiflora quadrangularis L.)	大西番莲、大转心莲、日本瓜	美洲热带地区	最早于1951年在海南采集到该物种的标本	栽培于广东、海南、广西,现广植于热带地区	生于沿海热带地区,是公园、植物园棚架绿化和观赏果的常用花卉

续表

序号	物种名称	别名	原产地	国内最早记录时间	国内分布	生境与主要危害
333	红雀珊瑚 [Pedilanthus tithymaloides (L.) Poit]	扭曲草、洋珊瑚、拖鞋花、百足草、玉带根	美洲西印度群岛	最早于1928年在广东采集到该物种的标本	云南、广西、广东南部	喜温暖，适生于阳光充足而不太强烈且通风良好的区域。温度过高的环境，半阴条件也能适应。对栽培土壤要求疏松肥沃及排水良好。全草可入药
334	匍根大戟 (Euphorbia serpens H. B. K)	—	北美洲热带和亚热带地区	归化于台湾西部。1925年采集到该物种的标本，采集地不详	江苏、青海、福建、广东、重庆、台湾	生于路旁和海边的沙质地
335	象草 (Pennisetum purpureum Schum.)	紫狼尾草	非洲	最早于1923年采集到该物种的标本，采集地不详	江西、四川、福建、海南、广东、广西、云南、江苏	适应性强，沙土、壤土和贫瘠的酸性黄土或微碱性土壤都可栽培
336	牧地狼尾草 [Pennisetum polystachion (Linnaeus) Schult.]	—	美洲、非洲	最早于2004年在广东采集到该物种的标本	台湾、福建、广东、海南等热带和亚热带地区引种而归化	常见于山坡草地。与农作物争夺水分、养分和光能。增加管理用工和生产成本
337	草胡椒 [Peperomia pellucida (L.) Kunth]	—	美洲热带地区	1900年发现于香港	福建、广西、云南、海南、香港、澳门	生于林下湿地、石缝中或宅舍墙脚下。繁殖快，易于蔓延成片，形成单一优势群落，对入侵地的生态结构和功能构成威胁，可降低生物多样性
338	木麒麟 (Pereskia aculeata Mill)	叶仙人掌、虎刺	中美洲、南美洲北部及东部，西印度群岛	最早于1978年在福建采集到该物种的标本	云南、广西、广东、福建、台湾、河北、浙江、辽宁	喜温暖、潮湿和阳光充足的环境，较为耐寒、耐半阴和高温，以疏松肥沃、排水良好的沙壤土培为最佳
339	碧冬茄 (Petunia hybrida Vilm)	毽子花、灵芝牡丹、撞羽朝颜、矮牵牛	阿根廷	最早于1943年在广东采集到该物种的标本	南北方各城市公园中普遍栽培	栽培种

续表

序号	物种名称	别名	原产地	国内最早记录时间	国内分布	生境与主要危害
340	小藁草 (Phalaris minor Retz)	小籽虉草、小子虉草	地中海地区	20世纪70年代传入云南	云南、四川、浙江、福建	生于农田外、路旁、荒地、森林及苗圃等，危害农业生产，破坏本地植被群落结构
341	奇异虉草 (Phalaris paradoxa L.)	一	地中海地区	20世纪70年代传入云南	云南	多生于荒田地。危害轻
342	变色牵牛 [Ipomoea indica (Burm.) Merr.]	寄生牵牛	南美洲	最早于1932年在台湾采集到该物种的标本	台湾、广东等省区	多生于路边和住宅旁
343	荷包豆 (Phaseolus coccineus L.)	看花豆、龙爪豆、看豆、红花菜豆、多花菜豆、花豆	南美洲热带地区	20世纪30—40年代传入，最早于1931年在河北采集到该物种的标本	东北至西南栽培	栽培种
344	菜豆 (Phaseolus vulgaris L.)	香姑豆、四季豆、地豆、云扁豆、矮四季豆、豆角	美洲	最早于1917年在广东采集到该物种的标本	各省市均有栽培	栽培种
345	梯牧草 (Phleum pratense L.)	猫尾草、布狗尾、长穗狸尾草、猫公树	欧洲	最早于1908年采集到该物种的标本，采集地不详	东北、华北、西北各省区均有栽培	野生种多见于海拔1 800 m的草原及林缘
346	苦味叶下珠 (Phyllanthus amarus Schumach. & Thonn.)	珠仔草、假油甘、龙珠草、企枝叶下珠、油甘	美洲	最早于1933年在海南采集到该物种的标本。云南元江流域1989年首次在云南元江流域发现	云南、海南、广东、广西等省区市	生于村旁、路边、河流两岸及荒滩等地
347	珠子草 (Phyllanthus niruri L.)	蛇仔草（海南）、锐尖叶下珠	中美洲	最早于1914年在安徽采集到该物种的标本	台湾、广东、海南、福建、广西、云南	生于旷野荒地，山坡或山谷向阳处

续表

序号	物种名称	别名	原产地	国内最早记录时间	国内分布	生境与主要危害
348	灯笼果 (*Physalis peruviana* L.)	小果酸浆、秘鲁苦蘵	南美洲	《蜀本草》《开宝本草》和《本草纲目》中均有记载。最早于 1925 年在四川采集到该物种的标本	除西藏外，其他省市区多见野生	生于山地、田野路旁或河谷
349	毛酸浆 (*Physalis philadelphica* Lamarck)	洋姑娘、毛灯笼果	美洲	最早于 1927 年在海南采集到该物种的标本	吉林、黑龙江有栽培或逸为野生，分布于长江以南各省区市	多生于草地、田边和路旁
350	假龙头花 (*Physostegia virginiana* Benth)	假龙头草、随意草、芝麻花	北美洲	最早于 1958 年在湖北采集到该物种的标本	各地常见栽培，为观赏植物	可栽培于街道绿地和居民区绿地
351	垂序商陆 (*Phytolacca americana* L.)	美洲商陆、美国商陆、洋商陆、见肿消、红籽	北美洲	作为药用植物引入，最早于 1935 年在浙江杭州采集到该物种的标本	河北、北京、天津、陕西、山西、山东、江苏、安徽、浙江、上海、江西、福建、台湾、河南、湖北、湖南、广东、广西、四川、重庆、海南、云南、贵州、辽宁	生于疏林下、路旁或荒地。有毒，果实和茎很容易被误食，对人和动物造成危害，使得当地生物多样性降低，为果园和草地的有害杂草
352	小叶冷水花 [*Pilea microphylla* (L.) Liebm]	透明草	南美洲热带地区	最早于 1928 年在台湾采合北采集到该物种的标本	广东、广西、浙江、江西、福建、台湾	生于路边石缝和墙上阴湿处。一般性杂草，逃逸后在一些低海拔山地、沟谷归化，排挤本土的石生和附生草本植物，对当地的生物多样性产生不良影响
353	蒌叶 (*Piper betle* L.)	药酱、蒟酱	马来西亚半岛	在《南方草木状》和《唐本草》等药典上有记载。最早于 1933 年在海南采集到该物种的标本	东起台湾，经西南部各省区市均有栽培	喜高温、潮湿和无风的环境，以结构良好、土层深厚、较为肥沃、微酸性或中性的沙壤土种植为佳

续表

序号	物种名称	别名	原产地	国内最早记录时间	国内分布	生境与主要危害
354	大薸 (Pistia stratiotes L.)	水白菜、水浮莲、芙蓉莲	巴西	明末引入，《本草纲目》中有记载，20世纪50年代作为饲料推广栽培	福建、台湾、广东、广西、云南各省区热带地区野生，湖北、江苏、浙江、安徽、山东、四川、重庆、贵州等省市都有栽培	适宜于平静的淡水池塘、沟渠中生长，尤其喜欢营养富化的水体。阻塞河道水渠，影响航运、泄洪，可使水体中溶解氧减少，抑制浮游生物生长，影响水体养殖，危害水生生态系统
355	长叶车前 (Plantago lanceolata L.)	窄叶车前、欧车前、披针叶车前	欧洲	最早于1901年采集到该物种的标本，采集地不详	辽宁、甘肃、新疆、山东、江苏、河北、浙江、福建、台湾、江西	生于海滩、河滩、草原湿地、山坡多石处或沙质地、路边及荒地
356	北美车前 (Plantago virginica L.)	毛车前、白籽车前	北美洲	可能由游客无意传入。1951年在江西南昌发现	江苏、安徽、浙江、江西、福建、台湾、四川、上海、湖南、广东、重庆、河南	多生于路边、住宅旁、荒地、旱地、公路两侧、疏林果园，田埂及蔬菜地
357	悬铃木 [Platanus acerifolia (Ait.) Willd]	美国梧桐、英国梧桐、法国梧桐	欧洲东南部、美洲、印度	晋代从陆地跨传入	从北至南均有栽培，以上海、南京、徐州、青岛、九江、武汉、郑州、西安等城市栽培的数量较多	适生于微酸性或中性、排水良好的土壤，微碱性土壤虽能生长，但易发生黄化。优良庭荫树和行道树
358	翼茎阔苞菊 [Pluchea sagittalis (Lam.) Cabrera]	—	南美洲	2007年在广东广州被发现	广东、福建、台湾	生于湿润肥沃的沙土地或草地
359	加拿大早熟禾 (Poa compressa L.)	—	欧洲	最早于1956年在北京采集到该物种的标本	山东（青岛）、江西（庐山）、新疆、河北、天津均有引种	生于林带湿草地

续表

序号	物种名称	别名	原产地	国内最早记录时间	国内分布	生境与主要危害
360	圆锥花远志（Polygala paniculata L.）	一	巴西、墨西哥	最早于1931年在台湾采集到物种的标本	台湾引种栽培	栽培种
361	大花马齿苋（Portulaca grandiflora Hook）	太阳花、午时花、洋马齿苋、龙须牡丹、金丝杜鹃、松叶牡丹、半支莲、死不了	巴西	最早于1917年在江苏采集到物种的标本	黑龙江、吉林、辽宁、河北、河南、山东、安徽、江苏、浙江、湖南、湖北、江西、四川、重庆、云南、山西、贵州、甘肃、青海、陕西、蒙古、内、广东、广西等省区市有栽培	常见于公园绿地、街头绿地或花圃等生境
362	假臭草［Praxelis clematidea Cassini（Grieseb）R. M. King et H. Rob.］	猫腥菊	南美洲	20世纪80年代首次在香港发现	广东、广西、福建、澳门、香港、台湾、海南等省区市广泛分布	常生于路边、荒地、农田、丛林等，在低山、丘陵及平原普遍生长。对农林牧业造成了严重的危害
363	夏枯草（Prunella vulgaris L.）	乃东、夕句、麦夏枯、铁线夏枯、铁色草、麦穗夏枯草等	欧洲	最初收载于《神农本草经》，最早于1906年在安徽采集到物种的标本	陕西、甘肃、新疆、河南、湖北、湖南、江西、浙江、福建、广东、贵州、四川、云南、江苏、安徽、台湾	生于山沟水湿地、河岸湿草丛、地或路旁
364	番石榴（Psidium guajava L.）	芭乐、喇叭番石榴、番桃	南美洲	约17世纪传入，最早于1905年在广东采集到物种的标本	广东、广西、海南、云南、四川、江西、福建、台湾等省区有栽培	住宅旁、荒地或低丘陵坡地都可以栽培

续表

序号	物种名称	别名	原产地	国内最早记录时间	国内分布	生境与主要危害
365	翅果菊 (Lactuca indica L.)	野莴苣，山马草，苦莴苣，山莴苣，多裂翅果菊	南美洲	最早于1925年分别在山西，安徽，福建，河北采集到该物种的标本	北京，黑龙江，吉林，河北，陕西，山东，江苏，江西，安徽，浙江，福建，湖南，广东，贵州，四川，云南，西藏，内蒙古	生于山谷，山坡林缘及林下，灌丛，草地，水沟边，田间或荒地
366	蚊母草 (Veronica peregrina L.)	仙桃草，水蓑衣，接骨草	北美洲	最早于1901年采集到该物种的标本，采集地不详	东北，华东，华中，西南各省区市	生于潮湿的荒地和路边生境
367	伞房匹菊 (Pyrethrum parthenifolium Willd)	—	亚洲中部	最早于1933年在云南采集到该物种的标本	云南有栽培观赏，也有归化野生	属于一般杂草，入侵农田后很难去除，对农田造成危害
368	炮仗花 [Pyrostegia venusta (Ker-Gawl.) Miers]	黄鳝藤，鞭炮花	巴西	最早于1927年分别在香港，广东采集到该物种的标本	广东（广州），海南，广西，福建，台湾，云南（昆明，西双版纳）等省区均有栽培	多栽培于庭院，校园和公共绿地，起绿化作用
369	田野毛茛 (Ranunculus arvensis L.)	—	欧洲，西亚	最早于1928年在江苏南京采集到该物种的标本	湖北有逸生，威宁，通山，鄂州，嘉鱼，武汉城市，分布于阳新等	生于路边砂石地
370	刺果毛茛 (Ranunculus muricatus L.)	野芹菜	欧洲，西亚	最早于1926年采集到该物种的标本，采集地不详	江苏，浙江，广西，陕西，上海，河南，湖北，江西，安徽	生于路旁，田边，湿地及草丛生境。一年生杂草，危害农作物，蔬菜和果树的生产
371	黄木犀草 (Reseda lutea L.)	细叶木犀草	北非	最早于1924年采集到该物种的标本，采集地不详	辽宁，河北，山西，云南	常沿铁路路旁山坡生长生于荒地，逸为野生。使得当地生物多样性降低

续表

序号	物种名称	别名	原产地	国内最早记录时间	国内分布	生境与主要危害
372	火炬树 (*Rhus Typhina* L.)	鹿角漆、火炬漆、加拿大盐肤木	北美洲	1959年由中国科学院植物研究所引种,1974年以来在各省区市推广种植	东北南部、华北、西北北部暖温带落叶林区和温带草原区	生于河谷、河滩及堤岸,又能生于干旱山坡和荒地。能排除本地物种,使得生物多样性降低,破坏农田和公路设施;还会引起过敏人群的不良反应
373	红毛草 [*Melinis repens* (Willd.) Zizka]	地韭菜、天芒针、地蓝花、鸭舌头、地潭花、山海带等	南非	在20世纪50年代作为观赏植物和牧草引入台湾栽培	台湾、福建、广东、香港、海南、澳门	生于溪边、河边、山坡草地、林下、道路两侧及建筑垃圾等生境。由于具有广泛的气候适应性,极易引起人侵危害,成为恶性杂草,造成地区经济损失
374	墨苜蓿 (*Richardia scabra* L.)	李察草	美洲热带地区	约在20世纪80年代传入,最早于1978年在广东采集到该物种的标本	香港、广东、广西、福建	为耕地和旷野杂草,使得生物多样性降低,危害农作物
375	两栖蔊菜 [*Rorippa amphibia* (L.) Besser]	一	欧洲	2006年在大连首次发现	辽宁	主要分布于城市的人工草坪,造成严重的草坪杂草化
376	广州蔊菜 [*Rorippa cantoniensis* (Lour.) Ohwi]	细子蔊菜、广东葶苈、沙地菜	不详	最早于1913年在广东采集到该物种的标本	辽宁、河北、山东、河南、安徽、江苏、福建、台湾、湖北、湖南、江西、广东、广西、陕西、四川、云南	生于沟边、塘边、溪边、稻田边及果园等水湿处
377	轮叶节节菜 (*Rotala mexicana* Cham. et Schlechtend)	墨西哥水松叶	中美洲	最早于1918年在江苏采集到该物种的标本	江苏、浙江、河南、陕西南部	生于浅水湿地
378	金光菊 (*Rudbeckia laciniata* L.)	黑眼菊、黄菊、假向日葵	北美洲	最早于1916年采集到该物种的标本,采集地不详	各地庭园常见栽培	喜通风良好并且阳光充足的环境,对土壤要求不严,但忌水湿

续表

序号	物种名称	别名	原产地	国内最早记录时间	国内分布	生境与主要危害
379	芦莉草 (Ruellia tuberosa L.)	蓝花莉	墨西哥	最早于1923年在江西采集到该物种的标本	福建、广东、广西、云南、台湾	抗逆性强，适应性广，对环境条件要求不严
380	小酸模 (Rumex acetosella L.)	—	西亚至南欧	最早于1909年采集到该物种的标本，采集地不详	黑龙江、内蒙古、新疆、河北、山东、河南、江西、湖南、湖北、四川、福建、台湾	生于山坡干旱草地、林缘、山谷、路边及农田。能在适宜生存的条件下迅速扩展入侵农田和草地，严重危及农牧业生产
381	铺地柏 [Juniperus procumbens (Endl. ex Siebold) ex Miq.]	偃柏、镇松柏、偃地柏、地柏	日本	最早于1981年在北京采集到该物种的标本	黄河流域至长江流域广泛栽培	城市绿化常用植物，在市政公园、路旁和绿化带栽培
382	裸柱菊 [Soliva anthemifolia (Juss.) R. Br]	座地菊、假叶金菊、七星菊、大龙珠草	南美洲、大洋洲	1912年在香港发现。最早于1926年在福建采集到该物种的标本	广东、台湾、福建、江西、海南、广西、浙江、安徽、湖南、贵州	生于荒地、田野、绿化带、林下花圃，路边及菜地等生境。该物种为区域性的恶性杂草，危害麦类、蔬菜和油菜，影响产量
383	槐叶苹 [Salvinia natans (L.) All]	蜈蚣苹、山椒藻、槐叶萍	非洲、亚洲热带地区*	宋代陆佃著《埤雅》15卷中有记载，最早于1907年在江苏采集到该物种的标本	东北至华南、西南均有分布	生于水田、湖泊、池塘、河流、溪沟及沼泽等生境。为水田常见杂草
384	刺沙蓬 (Salsola tragus L.)	刺蓬、细叶猪毛菜	中亚、西亚、南欧	最早于1930年采集到该物种的标本，采集地不详	东北、华北、西北各省区市、山东、江苏均有分布	生于沙丘、沙地、山谷、草原、石质山坡及海边
385	朱唇 (Salvia coccinea L.)	小红花、红花鼠尾草	北美洲	最早于1930年在浙江采集到该物种的标本	陕西、安徽、上海、浙江、江西、广东、广西、云南	生于海拔1 250~1 500 m的路边阳处或湖泊溪边疏林湿地处

* 也有文献记录为本土物种。

续表

序号	物种名称	别名	原产地	国内最早记录时间	国内分布	生境与主要危害
386	一串红 (Salvia splendens Ker-Gawler)	爆仗红花、象牙海棠、墙下红、西洋红、象牙红	巴西	最早于1927年在江苏采集到该物种的标本	各省区市庭园中广泛栽培	栽培种
387	速生槐叶萍 (Salvinia adnata Desv)	人厌槐叶萍、圆叶槐叶萍、圆叶槐叶萍	阿根廷、墨西哥	20世纪80年代随观赏性水草扩散而引入	各省区市水族馆中有栽培	生于水库、河流、湖泊、湿地和沟渠。能阻绝河道和沟渠，改变水域生态环境，影响运输及灌溉，干扰水域物种多样性。
388	黄脉爵床 (Sanchezia nobilis Hook.f)	黄脉单药花、金脉爵床、金鸡腊	美洲热带地区	最早于1953年在海南采集到该物种的标本	广东、海南、香港、云南等省区植物园栽培	栽培种
389	蛇目菊 (Sanvitalia procumbens Lam)	小波斯菊、金钱菊、孔雀菊	墨西哥	最早于1953年在湖北采集到该物种的标本	贵州、福建、山东、上海、香港等省区市广泛栽培	栽培种
390	肥皂草 (Saponaria officinalis L.)	石碱花	欧洲、西亚	最早于1912年采集的该物种的标本，采集地不详	各省区市城市公园栽培供观赏，在大连、青岛等城市常逸为野生	生于海拔200~500m的荒山、荒坡及铁路路沿线。使得生物多样性降低
391	野甘草 (Scoparia dulcis L.)	冰糖草	美洲热带地区	19世纪在香港已有记录。最早于1922年在海南采集到该物种的标本	广东、广西、云南、福建、海南、上海、香港、澳门、台湾	生于荒地和路旁，偶见于山坡
392	半枝莲 (Scutellaria barbata D. Don)	狭叶韩信草、水黄芩、田基草、牙刷草、瘦黄芩、赶山鞭、并头草	巴西	《神农本草经》中有记载，最早于1908年在安徽采集到该物种的标本	河北、山东、陕西、河南、江苏、浙江、台湾、福建、江西、湖北、湖南、广东、广西、四川、贵州、云南	生于水田边、溪边或湿润草地

续表

序号	物种名称	别名	原产地	国内最早记录时间	国内分布	生境与主要危害
393	黑麦 (*Secale cereale* L.)	—	亚洲中部及西南部	最早于1922年采集到该物种的标本，采集地不详	云南、贵州、内蒙古、甘肃、新疆等高寒或干旱地区	耐寒能力强，较耐旱，对土壤要求不严格
394	欧洲千里光 (*Senecio vulgaris* L.)	—	亚欧大陆	最早的采集记录于1921年在贵州毕节	新疆、青海、甘肃、陕西、山西、河北、黑龙江、山东、浙江、上海、重庆、湖北、吉林、辽宁、内蒙古、四川、贵州、云南、西藏、台湾	拥有广泛生境，生于花园、草坪、花坛、农田、路边、山坡及草地。由于植株体内含有生物碱，可使人类和牲畜中毒
395	翅荚决明 [*Senna alata* (L.) Roxb.]	有翅决明、翅荚槐、蜡烛花、对叶豆	美洲热带地区	最早于1936年在云南省采集到该物种的标本	云南、广东、海南、台湾等省区	生于疏林或较干旱的山坡。可用于园林绿化
396	双荚决明 [*Senna bicapsularis* (L.) Roxb.]	金边黄槐、双荚黄槐、腊肠仔树	美洲热带地区	最早于1923年在广东采集到该物种的标本	栽培于广东、广西、海南、云南、江西、浙江、福建、江苏、湖南、贵州、上海等省区市	常栽培于池边、路旁、广场、公园和草地边缘
397	伞房决明 [*Senna corymbosa* (Lam.) H. S. Irwin et Barneby]	—	乌拉圭、阿根廷	1985年引入	华东地区广为栽培	最适宜丛植或带植于绕城公路、高速公路及河道两侧宽阔的绿化带，也适宜在公园和庭院栽培
398	毛荚决明 [*Senna hirsuta* (L.) H. S. Irwin & Barneby]	毛决明	美洲热带地区	最早于1952年在云南采集到该物种的标本	广东、云南（德宏、西双版纳）有分布，逸为野生	栽培种

续表

序号	物种名称	别名	原产地	国内最早记录时间	国内分布	生境与主要危害
399	黄槐决明 [Senna surattensis (N. L. Burman) H. S. Irwin & Barneby]	黄槐、凤凰花、粉叶决明	印度、斯里兰卡	最早于1917年在广东采集到该物种的标本	广西、广东、福建、海南、台湾等省区	城市绿化树种
400	田菁 [Sesbania cannabina (Retz.) Poir]	向天蜈蚣、碱菁、牙喊撒	大洋洲、太平洋岛屿	最早于1926年在江苏采集到该物种的标本	海南、江苏、浙江、江西、福建、广西、云南有栽培或逸为野生	生于水田及水沟等潮湿低地
401	莠狗尾草 [Setaria geniculata (Lam.) Beauv]	幽狗尾草	亚洲、欧洲	最早于1916年在广东采集到该物种的标本	广东、广西、台湾、云南、湖南	生于山坡、旷野或路边的干燥或湿地
402	棕叶狗尾草 [Setaria palmifolia (J. König) Stapf]	雏茅、箬叶莩、棕叶草、樱茅	非洲	最早于1916年在广东采集到该物种的标本	浙江、江西、湖北、湖南、四川、云南、广东、广西、台湾	生于山坡和山谷的阴暗处或林下。常见杂草,使得生物多样性降低
403	刺果瓜 (Sicyos angulatus L.)	刺瓜藤、刺果藤、野生黄瓜、刺黄瓜	北美洲北部和中部	1919年在各地发现	台湾、河北(张家口)、辽宁(大连)、山东(青岛)、北京	生于低矮林间、悬崖底部、低地、田间、灌木丛、铁路旁、荒地、墙边、海岸、沼泽及路旁等生境。入侵农田、缠绕农作物的茎秆,可造成减产,还可导致倒伏绝产
404	黄花稔 (Sida acuta Burm. F)	小黄花草	印度	最早于1908年在台湾采集到该物种的标本	台湾、福建、广东、广西、云南	生于山坡灌丛及同、路旁荒坡
405	蝇子草 (Silene gallica L.)	白花蝇子草、欧蝇子草、胀萼蝇子草	欧洲西部	最早于1930年在浙江采集到该物种的标本	华北、西北及长江流域以南各省区市	生于山坡、林下及杂草丛。城市公园和花圃栽培供观赏

续表

序号	物种名称	别名	原产地	国内最早记录时间	国内分布	生境与主要危害
406	串叶松香草 (Silphium perfoliatum L.)	松香草、菊花草	加拿大、美国南部和西部	1979年从朝鲜引入北京植物园	各省区市均有分布	可在酸性至中性沙壤土和壤土上生长，也可在沟坡地、撂荒地或房前房后休闲地等非耕地生长。可用于医药和动物饲养
407	水飞蓟 [Silybum marianum (L.) Gaertn]	老鼠筋、奶蓟、水飞雉	欧洲	于1972年从西德引种	各省区市公园、植物园或庭院都有栽培	适应性强，对土壤及水分要求不严，沙滩地和盐碱地均可种植。果实供药用
408	白芥 (Sinapis alba L.)	胡介、白辣介	欧洲	最早于1957年在四川采集到该物种的标本	辽宁、山西、山东、安徽、新疆、四川、贵州、云南、甘肃等省区引种栽培	适宜肥沃湿润的沙质壤土栽培，忌瘠薄或湿水低洼，积水地。种子供药用
409	田芥菜 [Brassica kaber (DC.) L. Wheeler]	野欧白芥	欧洲	最早于1940年在云南采集到该物种的标本	黑龙江、吉林、辽宁、内蒙古、河北、山西、陕西、山东、甘肃、新疆、福建、江苏、浙江、江西、湖北、湖南、四川、贵州、云南、西藏	为田间、园圃和湿地一般性杂草。种子含澄清的油，对牲畜有毒
410	包果菊 [Smallanthus uvedalia (L.) Mack.]	毛杯叶草	北美洲	1995年江苏首见报道	安徽、上海、浙江、江苏	生于田野、旱地及路边，为路旁和荒野杂草。植株和果实含生物碱，误食后可导致人类和牲畜中毒。植株高大，影响生物多样性
411	喀西茄 (Solanum myriacanthum Dunal)	苦颠茄、刺天茄	巴西	19世纪末在贵州南部发现	江西、湖南、浙江、重庆、福建、广西、广东、贵州、四川、西藏	生于沟边、路边灌丛、荒地、草坡或疏林中

续表

序号	物种名称	别名	原产地	国内最早记录时间	国内分布	生境与主要危害
412	牛茄子（Solanum capsicoides All.）	油辣果、癫茄子、大颠茄、番鬼茄、颠茄、刺茄、刺茄子	巴西	1895年在香港发现。最早于1918年在福建采集到该物种的标本	云南、贵州、海南、台湾、四川、湖南、江西、重庆、广东、福建、香港	生于路旁荒地、疏林或灌丛。为路旁和荒野杂草，影响景观，误食后可导致人类和牲畜中毒
413	北美刺龙葵（Solanum carolinense L.）	北美水茄	北美洲	最早于1957年在江苏采集到该物种的标本	江苏、四川、上海、浙江	生于田野、花园、废地、铁路边。草丛中。危害种植花卉和蔬菜的花园和牧场，植株有毒，也危害苦茶碱，能引起牲畜中毒
414	假烟叶树（Solanum erianthum D. Don）	土烟叶、野烟叶、山烟草	美洲热带地区	1957年在福建厦门采集到该物种的标本	四川、贵州、云南、广西、福建、海南、广东、四川、台湾、香港	生于300~2 100 m的荒山及山坡灌丛中，入侵疏林、山坡及荒野。影响景观，全株有毒，果实毒性较大
415	珊瑚樱（Solanum pseudocapsicum L.）	冬珊瑚、玉珊瑚、珊瑚豆、假樱桃	巴西	最早于1917年在上海采集到该物种的标本	河北、陕西、四川、云南、广西、广东、湖南、江西	生于田边、路旁、丛林中或水沟边。观果花卉、逸生杂草，全株有毒，危害轻微
416	刺萼龙葵（Solanum rostratum Dunal）	黄花刺茄	美国西南部	1981年在辽宁朝阳有物种的分布报道	辽宁、内蒙古、新疆、河北、山西、吉林	生于开阔的生境，受干扰的牧场，如田野、河岸、过度放牧的牧场、路边或垃圾放场等场地。合仓前、畜栏。植株有毒，具刺杂草，误食有毒，引起严重的肠炎和出血，果实含有种经毒素茄碱，可致性畜死亡。该物种还是马铃薯甲虫和马铃薯卷叶病毒的野生寄主
417	腺龙葵（Solanum sarrachoides Sendtner）	毛龙葵	巴西	于20世纪80年代入侵辽宁，最早于1981年在辽宁朝阳采集到该物种的标本	辽宁、河南、山东、新疆	生于路旁边、沟边、荒地、住宅旁、篱笆边及灌丛等多样性生境。对环境及生物多样性有负面影响，对农业生产造成危害，全株有毒，极易对家畜造成危害

续表

序号	物种名称	别名	原产地	国内最早记录时间	国内分布	生境与主要危害
418	水茄 (Solanum torvum Sw.)	刺茄、山颠茄、金衫扣、野茄子、金纽扣	加勒比海地区	1827年在澳门发现，最早于1915年在云南采集到物种的标本	云南（东南部、南部及西南部）、广西、广东、海南、福建、贵州、西藏、香港、澳门、台湾	生于热带地区的路旁、荒地、灌木丛中、沟谷及村庄附近。植株和果实含龙葵碱，误食后可导致人类和牲畜中毒
419	黄果茄 (Solanum virginianum L.)	马刺、黄果、珊瑚、黄天果、刺天茄、大苦果、北美茄	美洲	最早于1932年在四川采集到物种的标本	湖北、四川、云南、海南、台湾、福建	生于村边、路旁、荒地及干旱河谷沙滩上。具刺杂草，根和果实可入药
420	加拿大一枝黄花 (Solidago canadensis L.)	麒麟草、幸福草、黄莺、金棒草	北美洲	以观赏植物引入。最早于1926年在浙江采集到该物种的标本	河南、安徽、江苏、湖北、浙江、上海、福建、广东、湖南、重庆、广西、江西	生于河滩、荒地、公路两旁、铁路沿线、农田边及农村住宅四周。影响生物多样性，是危害严重的入侵植物之一
421	花叶滇苦菜 [Sonchus asper (L.) Hill]	断续菊、续断菊、石白头	欧洲	最早于1940年在四川采集到该物种的标本	新疆、江苏、山东、安徽、江西、湖北、四川、云南、西藏、广西、台湾	生于山坡、路旁、荒地、田边、住宅旁、林缘及水边。为果园、桑园、茶园和路边常见杂草，危害一般
422	无瓣海桑 (Sonneratia apetala Buch.-Ham.)	—	南亚	于1985年引种至海南东寨港	广东、海南、广西、福建	生于海岸滩涂，特别适宜于河流入海口
423	假高粱 [Sorghum halepense (L.) Pers]	石茅高粱、约翰逊草、宿根高粱、阿拉伯高粱	地中海地区	20世纪初引入台湾，后在广东、香港等地发现，最早于1911年在广东采作物种的该物种的标本	辽宁、北京、河北、山东、江苏、上海、安徽、湖南、湖北、福建、广西、广东、香港、重庆、四川、海南、云南	生于农田、果园、河岸、沟渠、山谷及湖岸潮湿处。妨碍农田、果园和茶园农作物的生长，具有一定毒性，为最重要的检疫杂草

续表

序号	物种名称	别名	原产地	国内最早记录时间	国内分布	生境与主要危害
424	苏丹草 [Sorghum sudanense (Piper) Stapf]	—	苏丹高原	20 世纪初引入华东和华北。1922 年在江西采集到该物种的标本	各省区市均有较大面积的栽培	牧草，也逸生为农田和路边杂草，是某些农作物病虫害的宿主
425	互花米草 (Spartina alterniflora Lois.)	—	北美洲大西洋沿岸	1979 年从美国佛罗里达引入，1980 年在福建试种成功	天津、山东、江苏、上海、浙江、福建、广东、广西	生于河口和海湾等沿海海涂的潮间带及受潮汐影响的河滩上。能破坏近海生物栖息环境，影响近海藻类植物养殖，堵塞航道，影响海水的交换能力
426	大米草 (Spartina anglica Hubb)	—	英国	最早于 1936 年在江苏采集到该物种的标本，1963~1964 年从英国和丹麦引进	辽宁、河北、天津、山东、江苏、浙江、福建、广东、广西	生于潮水能经常到达的海滩和沼泽中。破坏近海生物栖息环境，影响海水的交换能力
427	大爪草 (Spergula arvensis L.)	地松草	北温带	最早于 1903 年采集到该物种的标本，采集地不详	黑龙江、云南、贵州、西藏、四川	生于江边草地、荒漠及河谷。危害麦类、油菜、玉米和蔬菜等多种农作物
428	南美鬼针菊 [Sphagneticola trilobata (L.) Praski]	三裂鬼针菊	美洲热带地区	20 世纪 70 年代引入	福建、广西、海南、香港、台湾、云南	生于路旁、田边、沟边或湿润草地上。能排挤本地植物，使得生物多样性降低
429	菠菜 (Spinacia oleracea L.)	角菜、波斯菜、菠薐	伊朗	《唐会要》中有记载，最早于 1906 年在北京采集到该物种的标本	各省区市均有栽培	栽培种
430	田野水苏 (Stachys arvensis L.)	—	欧洲、非洲北部	最早于 1964 年在台湾采集到该物种的标本	台湾、福建、广东、广西、贵州、浙江	生于农田、果园、茶园、胶园和草地。一般性杂草，危害较轻

续表

序号	物种名称	别名	原产地	国内最早记录时间	国内分布	生境与主要危害
431	假马鞭草 [Stachytarpheta jamaicensis (L.) Vahl]	假败草	美洲	19世纪末出现在香港，最早于1928年的香港采集到该物种的标本	福建、广东、广西、海南、云南、台湾、香港、澳门	生于山谷阴湿处，影响生物多样性
432	无瓣繁缕 [Stellaria pallida (Dumorti.) Crép.]	小繁缕	欧洲	1930年	江苏、新疆、北京、山东	生于路边草丛、废堆及菜园等生境。常见杂草
433	轮叶孪生花 [Stemodia verticillata (Mill.) Hassl.]	一	南美洲北部，加勒比地区，墨西哥	台湾于2000年首次报道	台湾、海南、广东	生于海边、溪边以及潮湿的区域
434	巴西苜蓿 [Stylosanthes guianensis SW.)	斯蒂罗、柱花草、热带苜蓿	玻利维亚、巴西	1962年热带农业科学院首次引入海南	广东、广西、福建、云南、海南	适宜干干燥沙土至重黏土等干旱和低肥力的区域种植
435	圭亚那笔花豆 [Stylosanthes guianensis (Aubl.) Sw.]	笔花豆	美洲热带地区	自20世纪60年代开始先后引进在广东和广西试种栽培	广东、广西、浙江、云南、台湾、福建	生于路旁、荒地、草地及山坡。逸为野生后，由于枝叶繁茂，抑制其他植物生长
436	聚合草 [Symphytum officinale L.]	爱国草、友谊草、紫草	俄罗斯	最早于1928年采集到该物种的标本，采集地不详	江苏、福建、湖北、四川	生于山林地带。为典型的中生植物
437	金腰箭 [Synedrella nodiflora (L.) Gaertn]	苦草、金花草	南美洲	最早于1924年在广东采集到该物种的标本	东南至西南各省区市	生于旷野、耕地、路旁及住宅旁。危害甘蔗、花生等地作物及橡胶树等农作物与经济园林

续表

序号	物种名称	别名	原产地	国内最早记录时间	国内分布	生境与主要危害
438	吊竹梅（Tradescantia zebrina Bosse）	紫罗兰、吊竹兰、斑叶鸭跖草、花叶竹夹菜、红竹菜、孔雀莲	美洲热带地区	最早于1930年在广东采集到该物种种的标本	福建、浙江、广东、海南、广西等省区	常用于栽培观赏，不仅在园林、校园，机关绿地及居民住宅周围随处可见，有些已蔓延生长成为野生或半野生状态
439	万寿菊（Tagetes erecta L.）	孔雀菊、缎子花、臭菊花、西番菊、小万寿菊、臭芙蓉、孔雀草	墨西哥	《植物名实图考》中首次记载。最早于1929年采集到该物种种的标本	各省区市均有栽培；广东、云南（南部和东南部）已归化	生于路旁及花坛，庭院常有栽培供观赏
440	印加孔雀草（Tagetes minuta L.）	臭罗杰、小花万寿菊	美洲热带地区	1990年10月在北京植物园采集到该物种种的标本	北京、山东、河北、西藏、台湾、山西	生于旷野、农田、公路边、路基坡、河渠边及干涸河床。对其他植物产生化感作用，影响生物多样性
441	土人参[Talinum paniculatum (Jacq.) Gaertn]	波世兰、力参、煮饭花、紫人参、红参、参草、土高丽参、假人参、栌兰	美洲热带地区	16世纪引入江苏，最早于1905年在福建采集到该物种种的标本	河南、云南、重庆、四川、甘肃、福建、江西、湖北、贵州、浙江	生于花圃、菜地及路边。观赏植物，根可入药
442	酸角（Tamarindus indica L.）	罗望子、酸豆、酸梅角	非洲	《本草纲目》中有记载	云南、四川、海南、广西、台湾、福建	适宜于干热河谷栽培，是一种食药兼用的常绿乔木
443	白灰毛豆（Tephrosia candida DC.）	短萼灰叶、山毛豆	印度	最早于1928年在广东采集到该物种种的标本	福建、广西、广东、云南、湖南、香港、台湾	生于草地、旷野及山坡草，影响生物多样性
444	番杏[Tetragonia tetragonioides (Pall.) Kuntze]	新西兰菠菜、法国菠菜	大洋洲	最早于1918年在福建厦门采集到该物种种的标本	江苏、浙江、福建、台湾、广东、云南	生于阴湿地，野生于海滩。栽培种，可作蔬菜和药用。使得生物多样性降低

续表

序号	物种名称	别名	原产地	国内最早记录时间	国内分布	生境与主要危害
445	再力花 (Thalia dealbata Fraser)	水竹花、水竹芋、水莲蕉、塔利亚	美国南部、墨西哥	20世纪初作为水生观赏植物引入	海南、广东、广西、云南、澳门、香港、台湾	生于河流、水田、池塘、湖泊、沼泽以及海滩涂等水湿低地,观赏水生植物
446	肿柄菊 (Tithonia diversifolia A. Gray)	假向日葵、黄斑肿柄菊、墨西哥向日葵、太阳菊	墨西哥	1910年从新加坡引入台湾,20世纪80年代初逸生为杂草,最早于1921年在香港采集到该物种的标本	福建、广东、海南、广西、云南、台湾	生于路边和荒地。观赏性植物,常逸生为路边杂草,叶和根可入药
447	蓝猪耳 (Torenia fournieri Linden. ex Fourm)	夏堇、兰猪耳	越南	最早于1922年在福建采集到该物种的标本	南方常见栽培	路旁、墙边或旷野草地也偶有逸生
448	紫竹梅 [Tradescantia pallida (Rose) D. R. Hunt]	紫鸭跖草、紫竹兰、紫锦草	墨西哥	最早于1965年在福建采集到该物种的标本	各省区市都有栽培	栽培于庭院的花坛,路边及草坪边或用于镶边植物
449	长喙婆罗门参 (Tragopogon dubius Scop.)	霜毛婆罗门参	欧洲南部、中部、西亚	2009年在辽宁发现	辽宁、北京	生于沙质地和干山坡。竞争力强,威胁本地植物的物种多样性
450	蒺藜 (Tribulus terrestris L.)	白蒺藜、蒺藜狗	美洲热带地区	最早于1905年在河北采集到该物种的标本	各省区市均有分布	生于沙地、荒地、山坡及居民点附近等地。青鲜时可作饲料,果能入药
451	羽芒菊 (Tridax procumbens L.)	一	美洲热带地区	最早的采集记录于1921年在香港。1947年在海南和广东发现	福建、广东、广西、海南、云南、澳门、香港、台湾	生于旷野、荒地、坡地、沙地、田边及草丛。危害农作物,使当地生物多样性降低

续表

序号	物种名称	别名	原产地	国内最早记录时间	国内分布	生境与主要危害
452	草莓车轴草（Trifolium fragiferum L.）	草莓三叶草、野苜蓿	亚洲西部、欧洲南部	最早于 1931 年在新疆迪化县采集到该物种的标本	河南少量栽培，新疆呈野生状态	生于盐碱性土壤、沼泽、水沟边、河边及路边草地，具有较高的入侵性
453	杂种车轴草（Trifolium hybridum L.）	杂车轴草、杂三叶、金花草、爱莎苜蓿	欧洲	于 1930 年在上海吴淞口采集到该物种的标本	黑龙江、吉林、辽宁、内蒙古、河北	逸生于林缘及河旁草地等处。具有较高的适应能力和入侵性，影响植物群落多样性
454	绛车轴草（Trifolium incarnatum L.）	地中海三叶草、绛三叶	欧洲	最早于 1926 年在湖南采集到该物种的标本	黑龙江、吉林、辽宁、陕西、河南、山东、四川、江苏、浙江、福建、安徽、湖北、江西、湖南、广东	生于农田、路边和草场的杂草
455	红车轴草（Trifolium pratense L.）	红三叶	欧洲	19 世纪引入西北和华北地区	各省区市均有分布	生于路边、农田、牧场和果园。为草场和草坪杂草，有时入侵农田，但入侵性不强
456	白车轴草（Trifolium repens L.）	白三叶、荷兰翘摇、三叶草、白花苜蓿	欧洲	19 世纪引入种到华北和西北地区。最早于 1908 年在云南采集到该物种的标本	黑龙江、吉林、辽宁、内蒙古、北京、河北、山东、河南、山西、陕西、江苏、安徽、上海、浙江、江西、湖北、湖南、广东、广西、贵州、云南、重庆、四川、青海、甘肃、宁夏、新疆	生于路边、农田、草坪、牧场和果园。对暖季型草坪危害尤为严重，栽培种

续表

序号	物种名称	别名	原产地	国内最早记录时间	国内分布	生境与主要危害
457	卵叶异檐花 [Triodanis biflora (Ruiz et Pavon) Greene]	—	美洲	1981年在安徽（安庆）发现	浙江、安徽、福建、台湾	生于山坡草丛和路边。繁殖力强，对当地生态环境破坏极大
458	穿叶异檐花 [Triodanis perfoliata (L.) Nieuwl.]	异檐花	北美洲，中美洲	1974年福建建武夷山发现	浙江、福建、台湾	生于溪边、草地或山坡。繁殖能力强，对入侵地生态环境破坏较大
459	荆豆 (Ulex europaeus L.)	—	欧洲	法国传教士于1862年引种城口教堂附近，作为绿化栽培。最早于1929年在江苏采集到该物种的标本	四川、重庆、西藏	入侵山坡灌丛和草地，对当地生态系统景观产生不良影响，已被列为"世界上100种恶性外来入侵物种"之一
460	麦蓝菜 [Vaccaria hispanica (Miller) Rauschert]	麦蓝子、王不留行	欧洲	王不留行一名见于《名医别录》，《植物名实图考》中称麦蓝菜。最早于1906年在安徽采集到该物种的标本	除华南外，其他省市均有分布	生于草坡、撂荒地或麦田中。为麦田常见杂草，危害小麦和油菜等夏熟作物
461	柳叶马鞭草 (Verbena bonariensis L.)	铁马鞭、龙牙草、凤颈草	巴西、阿根廷	最早于1920年在广东采集到该物种的标本	安徽、北京、重庆、福建、广东、江西、上海、四川、台湾、香港、云南、陕西	常植于疏林下、植物园和沿路路绿化带庭院
462	长苞马鞭草 (Verbena bracteata Cav. ex Lag. & J. D. Rodr.)	—	北美洲	最早于1979年在广东采集到该物种的标本	辽宁、广东	生于路边、公园及草坪等人工干扰生境，危害程度轻微

续表

序号	物种名称	别名	原产地	国内最早记录时间	国内分布	生境与主要危害
463	直立婆婆纳 (*Veronica arvensis* L.)	一	欧洲	最早于 1910 年在江西庐山采集到该物种的标本	安徽、江苏、浙江、江西、湖北、湖南、福建、贵州、重庆	生于路边、农田及荒野草地。一般杂草，可药用
464	常春藤婆婆纳 (*Veronica hederaefolia* L.)	睫毛婆婆纳	欧洲	20 世纪 80 年代的江苏南京发现	江苏、浙江	环境杂草，生于阴湿的林下、沟边、农田及荒地，具有一定的入侵性
465	阿拉伯婆婆纳 (*Veronica persica* Poir.)	波斯婆婆纳、肾子草	亚洲西部、欧洲	最早于 1906 年在江苏采集到该物种的标本	河北、安徽、江苏、浙江、江西、湖北、湖南、四川、重庆、贵州、新疆、西藏	生于路边和田间。为夏熟作物田重要杂草，同时是黄瓜花叶病毒和李痘病毒的寄主
466	婆婆纳 (*Veronica polita* Fries)	一	西亚	《救荒本草》（1536年）中首次记载，最早于 1907 年在江苏采集到该物种的标本	北京、河北、河南、陕西、青海、新疆、安徽、浙江、江苏、上海、江西、福建、湖北、四川、重庆、广西、贵州、云南	生于农田、菜园、果园、河边及路边，为农田、蔬菜和果园杂草
467	香根草 [*Chrysopogon zizanioides* (L.) Roberty]	岩兰草、培地茅	地中海地区至印度	曾于 20 世纪 50 年代从印度与印尼引进，最早于 1936 年在海南采集到该物种的标本	江苏、浙江、福建、台湾、广东、海南、四川	生于平原、丘陵和山坡，喜生于水湿溪流旁和疏松黏壤土上。适应性强，排挤当地植物
468	大巢菜 (*Vicia sativa* L.)	苕子、山扁豆、草藤、野菜豆、救荒野豌豆	欧洲、亚洲	《本草纲目》中首次记载，20 世纪 40 年代引入甘肃	各省市均有分布	生于田边、草丛、路旁及灌木林下。夏熟作物田恶性杂草

续表

序号	物种名称	别名	原产地	国内最早记录时间	国内分布	生境与主要危害
469	长柔毛野豌豆 (*Vicia villosa* Roth)	毛叶苕子、毛苕子、柔毛苕子	欧洲至中亚	最早于1926年在广东采集到该物种的标本	东北、华北、西北、西南、山东、江苏、湖南、广东、浙江	生于山谷、固定沙丘、丘陵草原、荒漠石质渐土回地、平原低湿地或草甸山坡。为夏收作物田和路边常见杂草
470	三色堇 (*Viola tricolor* L.)	鬼脸花、猫儿脸、蝴蝶花、人面花	欧洲北部	最早于1923年在江苏采集到该物种的标本	各地公园普遍栽培	适于花坛、庭院和露天栽培，观赏花卉植物
471	蛇婆子 (*Waltheria indica* L.)	和他草、满地毯、仙人撒网、草梧桐、太古粥	美洲热带地区	1981年在香港被报道	香港、台湾、福建、广东、广西、云南、海南	生于山野间向阳草坡上。为果园、路边草地及林缘杂草，根茎可入药
472	北美苍耳 (*Xanthium chinense* Mill)	—	北美洲	最早于1997年在海南采集到该物种的标本	辽宁、北京、河南、河北、海南、广西	生于平原、丘陵、低山、荒野和荒野。严重影响农作物生长，当地生态环境和物种多样性
473	意大利苍耳 [*Xanthium strumarium* subsp. *italicum* (Moretti) D. Löve]	—	欧洲南部、北美洲	于1991年9月在北京发现	北京、广西、台湾	生于荒地、田间、河滩地、沟边、路旁和荒野。本物种生长很快，与农作物争夺生存空间。广布于玉米田、棉花田及大豆田等农田和荒地，部分棉田和豆类作物受害较为严重，8%的本种植物覆盖使农作物减产达到60%；能与茄科作物在成花临界剪短竞争阳光，植株较高的农作物对其抗性较好。危害作物生长，影响入侵和物种多样性
474	刺苍耳 (*Xanthium spinosum* L.)	洋苍耳	南美洲	1974年在北京丰台区发现	辽宁、北京、河北、安徽	生于路边、荒地和旱作物地。一般杂草，危害白菜、小麦及大豆等旱地作物

续表

序号	物种名称	别名	原产地	国内最早记录时间	国内分布	生境与主要危害
475	凤尾兰（Yucca gloriosa L.）	凤尾丝兰、厚叶丝兰、剑麻	北美洲东部和东南部	最早于1917年采集到该物种的标本，采集地不详	长江流域各省区市普遍栽培	栽培于花坛中央、建筑前、路旁及绿篱等，是良好的庭院观赏灌木
476	葱莲 [Zephyranthes candida (Lindl.) Herb.]	葱兰、玉帘、白花菖蒲莲、韭菜莲、肝风草、草兰	南美洲	最早于1920年在江苏采集到该物种的标本	华中、华东、华南、西南等省区市均有引种栽培	栽培于花坛、绿地及庭院植物
477	韭莲（Zephyranthes carinata Herbert）	韭菜莲、韭莲兰、风雨花、红玉帘	南美洲，中美洲	最早于1926年在江苏采集到该物种的标本	各省区市公园和庭园常有栽培	栽培于公园和庭院，观赏植物
478	百日菊（Zinnia elegans Jacq）	步步登高、节节高、鱼尾菊、火毡花、百日草	墨西哥	最早于1915年在江苏采集到该物种的标本	各省区市栽培很广，有时成为野生。在云南（西双版纳、蒙自等）、四川西南部有引种	栽培于公园、庭院及城市绿化带，观赏植物
479	多花百日菊（Zinnia peruviana L.）	山菊花、五色梅	墨西哥	最早于1919年在华北采集到该物种的标本	河北、天津、河南、山东、陕西、甘肃、四川、云南等省区市已归化成为野生	生于山坡、草地或路边。栽培观赏
480	蟹爪兰 [Schlumbergera truncata (Haw.) Moran]	蟳蟹兰、蟹爪莲、圣诞仙人掌	巴西	最早于1930年在广东采集到该物种的标本	各省区市公园和花圃常见栽培	栽培于公园、花圃、庭院及盆景，观赏植物

主要参考文献

宝超慧,2016. 大连市外来入侵植物调查及风险评估研究[D]. 大连:辽宁师范大学.

曹婧,徐晗,潘绪斌,等,2020. 中国草地外来入侵植物现状研究[J]. 草地学报,28(1):1-11.

曾宪锋,邱贺媛,方妙纯,等,2013. 江西省外来入侵植物新记录[J]. 江西农业大学学报,35(5):1005-1007.

曾宪锋,邱贺媛,庄东红,等,2011. 广东省3种新记录归化植物[J]. 广东农业科学,38(24):140-141,233.

曾宪锋,2013. 湖南省3种外来入侵植物新记录[J]. 贵州农业科学,41(2):86-87,90.

陈浩,2017. 秦皇岛市外来入侵植物调查[D]. 秦皇岛:河北科技师范学院.

陈菊艳,刘童童,田茂娟,等,2016. 贵阳市乌当区外来入侵植物调查及对策研究[J]. 贵州林业科技,44(2):32-40.

陈旗涛,李智,邹松,等,2014. 湖北省外来入侵植物的现状及防治对策[J]. 湖北植保(5):49-52.

陈叶,高海宁,郑天翔,等,2013. 甘肃河西地区农田外来杂草调查和危害评价[J]. 作物杂志(1):120-123.

陈玉菡,刘正宇,张军,等,2016. 重庆恶性外来入侵植物1新纪录属:银胶菊属[J]. 贵州农业科学,44(10):153-155.

程淑媛,刘仁林,王桔红,2015. 江西南部入侵植物多样性特征分析[J]. 南方林业科学,43(6):7-14.

仇晓玉,李洪池,罗建,2019. 西藏外来入侵植物区系、生活型及繁殖特性[J]. 高原农业,3(6):623-631,649.

储嘉琳,张耀广,王帅,等,2016. 河南省外来入侵植物研究[J]. 河南农业大学学报,50(3):389-395.

单家林,杨逢春,郑学勤,2006. 海南岛的外来植物[J]. 亚热带植物科学(3):39-44.

邓亨宁,廖敏,鞠文彬,等,2020. 成都市外来入侵植物种类特征及区系分析[J]. 生物安全学报,29(2):135-141.

丁瑜欣,吴娟,成水平,2020. 水盾草入侵机制及防治对策[J]. 生物安全学报,29(3):176-180,190.

董雪云,易照勤,王洪峰,2017. 帽儿山国家森林公园外来入侵植物调查与分析[J].山东林业科技,47(6):45-49.

杜丽,王宁,叶秀芳,等,2020.井冈山地区外来入侵植物的调查与分析[J].井冈山大学学报(自然科学版),41(1):37-42.

高珂晓,李飞飞,柳晓燕,等,2019.广西九万山国家级自然保护区外来入侵和本地草本植物多样性垂直分布格局[J].生物多样性,27(10):1047-1055.

郭净净,赵腾飞,郭准,等,2020.洛阳湿地外来植物入侵现状分析[J].安徽农业科学,48(16):88-90.

韩建华,王一帆,王孟文,等,2018.天津市主要危险外来入侵植物识别与防治技术[J].天津农林科技(3):16-19.

何冬梅,鲁小珍,伊贤贵,等,2010.安徽省蚌埠市外来入侵植物调查及对策研究[J].安徽农业科学,38(6):3081-3083,3097.

侯冰飞,贾宝全,冷平生,等,2016.北京市城乡交错区绿地和植物种类的构成与分布[J].生态学报,36(19):6256-6265.

侯新星,辛建攀,陆梦婷,等,2019.江苏外来入侵植物区系、生活型及繁殖特性[J].生态学杂志,38(7):1982-1990.

胡刚,张忠华,2012.南宁的外来入侵植物[J].热带亚热带植物学报,20(5):497-505.

胡婉婷,臧敏,林智慧,等,2019.江西三清山外来植物[J].亚热带植物科学,48(1):70-76.

黄辉宁,李思路,朱志辉,等,2005.珠海市外来入侵植物调查[J].广东园林(6):24-27.

黄燕,2018.普陀山外来入侵植物调查与研究[D].杭州:浙江农林大学.

贾桂康,2013.广西百色地区主要外来入侵植物的初步研究[J].江苏农业科学,41(6):339-342.

蒋奥林,朱双双,李晓瑜,等,2017.2008—2016年间广州市外来入侵植物的变化分析[J].热带亚热带植物学报,25(3):288-298.

金祖达,谢文远,方国景,2015.杭州重点湿地入侵植物调查及其风险管理对策[J].天津农业科学,21(5):51-60.

鞠建文,王宁,郭永久,等,2011.江西省外来入侵植物现状分析[J].井冈山大学学报(自然科学版),32(1):126-130.

黎斌,卢元,王宇超,等,2015.陕西省汉丹江流域外来入侵植物新记录[J].陕西农业科学,61(7):71-72.

李博,徐炳声,陈家宽,2001. 从上海外来杂草区系剖析植物入侵的一般特征[J]. 生物多样性(4):446-457.

李丽鹤,2017. 气候变化与人类活动对入侵植物潜在分布的影响及风险区识别[D]. 南京:南京师范大学.

李青丰,2020. 内蒙古草原上的外来入侵植物[J]. 草原与草业,32(3):66.

李象钦,唐赛春,韦春强,等,2019. 广西中越边境的外来入侵植物[J]. 生物安全学报,28(2):147-155.

李晓卿,2015. 辽宁省生物多样性现状调查与评价[J]. 环境保护与循环经济,35(4):51-54,61.

李亚光,刘宏静,2017. 天津市蓟州区主要外来入侵植物调查与防控[J]. 天津农林科技(6):27-29.

林春华,唐赛春,韦春强,等,2015. 广西来宾市外来入侵植物的调查研究[J]. 杂草科学,33(1):38-44.

刘海,2020. 四川省凉山州紫茎泽兰的群落特征及其对土壤的适应性[D]. 重庆:西南大学.

刘建,2007. 陕西省林业主要外来入侵有害生物的现状及防控对策研究[D]. 杨凌:西北农林科技大学.

刘金,夏齐平,刘坤,等,2017. 安徽省分布新纪录——2种有毒植物[J]. 安徽大学学报(自然科学版),41(4):97-99.

刘乐乐,王梅,徐正茹,2017. 兰州地区发现一种入侵植物新记录——牛膝菊[J]. 甘肃农业科技(3):49-50.

刘雷,段林东,周建成,等,2017. 湖南省4种新记录外来植物及其入侵性分析[J]. 生命科学研究,21(1):31-34.

刘培亮,柴永福,权佳馨,等,2020. 陕西省4种外来入侵植物新记录[J]. 陕西林业科技,48(2):38-41.

刘莹,王育水,刘永英,等,2008. 河南省外来入侵植物现状分析[J]. 重庆科技学院学报(自然科学版)(2):158-160.

刘蕴哲,2019. 长沙市三大城市湿地公园外来植物调查及其入侵风险研究[D]. 长沙:湖南师范大学.

卢少飞,2006. 高速公路沿线外来入侵植物种类及分布的初步研究[D]. 武汉:华中师范大学.

鲁昕,阳小成,彭书明,等,2018. 入侵性杂草——裸冠菊在中国内陆四川省的首次发现[J].植物检疫,32(3):73-75.

栾晓睿,周子程,刘晓,等,2016.陕西省外来植物初步研究[J].生态科学,35(4):179-191.

罗娅婷,王泽明,崔现亮,等,2019.白花鬼针草的繁殖特性及入侵性[J].生态学杂志,38(3):655-662.

马多,和太平,郑羡,2012.梧州市外来入侵植物调查研究[J].广西林业科学,41(2):155-158.

马世军,王建军,2011.历山自然保护区外来入侵植物研究[J].山西大学学报(自然科学版),34(4):662-666.

庞立东,阿马努拉·依明尼亚孜,刘桂香,2015.内蒙古自治区外来入侵植物的问题与对策[J].草业科学,32(12):2037-2046.

彭宗波,蒋英,蒋菊生,2013.海南岛外来植物入侵风险评价指标体系[J].生态学杂志,32(8):2029-2034.

齐淑艳,徐文铎,2006.辽宁外来入侵植物种类组成与分布特征的研究[J].辽宁林业科技(3):11-15.

秦卫华,王智,徐网谷,等,2008.海南省3个国家级自然保护区外来入侵植物的调查和分析[J].植物资源与环境学报(2):44-49.

秦卫华,余水评,蒋明康,等,2007.上海市国家级自然保护区外来入侵植物调查研究[J].杂草科学(1):29-33.

曲波,吕国忠,杨红,等,2006.辽宁省外来入侵有害植物初报[J].辽宁农业科学(4):22-25.

曲同宝,孟繁勇,王豫,2015.长春地区入侵植物种类组成及区系分析[J].生态学杂志,34(4):907-911.

芮振宇,钟耀华,刘姚,等,2020.安徽省外来植物入侵状况分析[J].生物安全学报,29(1):59-68.

芮振宇,2019.安徽省外来植物入侵现状及环境因子对入侵的影响[D].合肥:安徽农业大学.

石登红,李灿,2011.贵阳市两湖一库生态功能区植物入侵情况及防范措施[J].贵州农业科学,39(3):94-98.

石青,陈雪,罗雪晶,等,2017.京津冀外来入侵植物的种类调查与分析[J].生物安全学报,26(3):215-223.

石胜璋,田茂洁,刘玉成,2004.重庆外来入侵植物调查研究[J].西南师范大学学报(自然科学版),29(5):863-866.

石瑛,谢树莲,王惠玲,2006. 山西外来入侵植物的研究[J]. 天津师范大学学报(自然科学版),26(4):23-27.

史梦竹,李建宇,郭燕青,等,2020. 福州市公园外来入侵植物初步调查与分析[J]. 生物安全学报,29(3):229-234.

孙芳旭,张嘉琦,赵丹阳,等,2018. 北京市近郊区郊野公园外来植物特征[J]. 西北林学院学报,33(5):278-284,296.

覃丽婷,2019. 南宁市城市绿地系统外来入侵植物及其风险调查与分析[D]. 南宁:广西大学.

万方浩,刘全儒,谢明,2012. 生物入侵:中国外来入侵植物图鉴[M]. 北京:科学出版社.

王德艳,张大才,胡世俊,等,2017. 云南菊科入侵植物入侵机制及其利用研究进展[J]. 生物安全学报,26(4):259-265.

王芳,王瑞江,庄平弟,等,2009. 广东外来入侵植物现状和防治策略[J]. 生态学杂志,28(10):2088-2093.

王坤芳,张晓华,王文成,等,2013. 辽宁省草原入侵植物少花蒺藜草危害与防治调查[J]. 现代畜牧兽医(12):49-54.

王磊,张彤,卢训令,等,2016. 河南省鸡公山国家级自然保护区外来入侵植物1994—2014年间的变化[J]. 植物科学学报,34(3):361-370.

王永淇,李仕裕,张弯弯,等,2016. 广东省归化植物一新记录属——孪生花属[J]. 福建林业科技,43(4):165-166.

王元军,2010. 南四湖湿地外来入侵植物[J]. 植物学报,45(2):212-219.

王增琪,高均昭,2012. 河南高速公路中的外来入侵植物调查[J]. 中国水土保持(12):47-49.

谢红艳,黄胜,左家哺,等,2011. 衡阳市外来入侵植物调查[J]. 湖南林业科技,38(2):51-54.

徐海根,强胜,2004. 中国外来入侵物种编目[M]. 北京:中国环境科学出版社.

徐海根,强胜,2011. 中国外来入侵生物(上册)[M]. 北京:科学出版社.

闫小玲,刘全儒,寿海洋,等,2014. 中国外来入侵植物的等级划分与地理分布格局分析[J]. 生物多样性,22(5):667-676.

闫小玲,寿海洋,马金双,2012. 中国外来入侵植物研究现状及存在的问题[J]. 植物分类与资源学报,34(3):287-313.

闫小玲,寿海洋,马金双,2014. 浙江省外来入侵植物研究[J]. 植物分类与资源学报,36(1):77-88.

严桧,杨柳,邓洪平,等,2016. 重庆市北碚区入侵植物风险评估[J]. 西南师范大学学报(自然科学版),41(3):76-80.

严靖,闫小玲,王樟华,等,2015. 安徽省5种外来植物新记录[J]. 植物资源与环境学报,24(3):109-111.

杨春玉,梁有发,李芳念,2019. 贵州雷公山保护区外来入侵植物分布格局[J]. 中国环境监测,35(2):83-90.

杨德,刘光华,肖长明,等,2011. 重庆市农业入侵植物的现状与防治[J]. 江西农业学报,23(3):93-95.

杨小艳,2016. 重庆缙云山国家级自然保护区入侵植物风险评估及防治对策[D]. 重庆:西南大学.

杨忠兴,陶晶,郑进烜,2014. 云南湿地外来入侵植物特征研究[J]. 西部林业科学,43(1):54-61.

姚发兴,2011. 湖北省黄石市外来入侵植物的调查及研究[J]. 湖北师范学院学报(自然科学版),31(4):10-14.

于永辉,陶柳林,张力罡,等,2020. 广西新记录归化植物及其入侵性分析[J]. 广西林业科学,49(1):148-151.

张恒庆,宝超慧,唐丽丽,等,2016. 大连市3个国家级自然保护区陆域外来入侵植物研究[J]. 辽宁师范大学学报(自然科学版),39(2):241-246.

张璞进,赵利清,梁晨霞,等,2019. 内蒙古外来植物入侵风险评价[J]. 生态学杂志,38(7):1973-1981.

张秋霞,李德宝,夏顺颖,等,2018. 云南入侵植物的生物学性状初步研究[J]. 广西植物,38(3):269-280.

张秋霞,2017. 云南入侵植物的主要生物学性状与分布研究[D]. 昆明:云南大学.

张淑梅,闫雪,王萌,等,2013. 大连地区外来入侵植物现状报道[J]. 辽宁师范大学学报(自然科学版),36(3):393-399.

张源,2007. 乌鲁木齐市外来植物研究[D]. 乌鲁木齐:新疆师范大学.

章承林,肖创伟,李春民,等,2012. 湖北省外来入侵植物研究[J]. 湖北林业科技(3):40-43.

赵栋锋,2019. 陕北地区外来植物及入侵风险评价[D]. 杨凌:西北农林科技大学.

赵浩宇,何世敏,舒长斌,等,2018. 四川外来入侵植物三裂叶豚草的危害及防控对策[J]. 四川农业与农机(6):35-36.

赵浩宇,朱建义,刘胜男,等,2017. 四川省归化植物新记录[J]. 杂草学报,35(4):13-16.

郑宝江,潘磊,2012. 黑龙江省外来入侵植物的种类组成[J]. 生物多样性,20(2):231-234.

中国数字植物标本馆[DB/OL]. https://www.cvh.ac.cn/.

中国外来入侵物种数据库[DB/OL]. http://www.chinaias.cn/wjPart/index.aspx.

中国外来入侵物种信息系统[DB/OL]. http://www.iplant.cn/ias/protlist.

中国植物志[DB/OL]. http://www.iplant.cn/frps.

周天焕,陶晶,徐天乐,2016. 浙江湿地入侵植物调查研究及其风险管理对策[J]. 天津农业科学,22(8):138-145.

朱峻熠,2019. 宁波市外来入侵植物调查及其入侵风险评估[D]. 杭州:浙江农林大学.

朱淑霞,蔡厚才,朱弘,等,2019. 浙江南麂列岛外来入侵植物调查及其入侵性分析[J]. 北华大学学报(自然科学版),20(6):800-805.

朱长山,朱世新,2006. 铺地藜——中国藜属一新归化种[J]. 植物研究,26(2):2131-2132.